U0170591

中华烹饪古籍经典藏书

调鼎集

（一册）

［清］佚名撰

中国商业出版社

图书在版编目（ＣＩＰ）数据

调鼎集：全四册／（清）佚名撰 . -- 北京：中国
商业出版社，2023.7
ISBN 978-7-5208-2496-5

Ⅰ . ①调… Ⅱ . ①佚… Ⅲ . ①食谱－中国－清代②菜
谱－中国－清代 Ⅳ . ① TS972.182

中国国家版本馆 CIP 数据核字（2023）第 092126 号

责任编辑：郑　静

中国商业出版社出版发行

（www.zgsycb.com　100053　北京广安门内报国寺 1 号）

总编室：010-63180647　编辑室：010-83118925

发行部：010-83120835/8286

新华书店经销

唐山嘉德印刷有限公司印刷

*

710 毫米 ×1000 毫米　16 开　81.25 印张　770 千字

2023 年 7 月第 1 版　2023 年 7 月第 1 次印刷

定价：339.00 元（全四册）

****

（如有印装质量问题可更换）

中华烹饪古籍经典藏书
指导委员会

（排名不分先后）

中华烹饪古籍经典藏书
编辑委员会
（排名不分先后）

主　任

刘毕林

常务副主任

刘万庆

副主任

王者嵩　余梅胜　沈　巍　李　斌　孙玉成　滕　耘

陈　庆　朱永松　李　冬　刘义春　麻剑平　王万友

孙华盛　林风和　陈江凤　孙正林　杜　辉　关　鑫

褚宏辚　朱　力　张可心　夏金龙　刘　晨　辛　鑫

韩　江　尹亲林　牛建鹏

委 员

林百浚	闫 囡	杨英勋	彭正康	兰明路	赵将军
胡 洁	孟连军	马震建	熊望斌	王云璋	梁永军
唐 松	于德江	陈 明	张陆占	张 文	王少刚
杨朝辉	赵家旺	史国旗	向正林	王国政	陈 光
邓振鸿	刘 星	邸春生	谭学文	王 程	李 宇
李金辉	范玖炘	孙 磊	高 明	刘 龙	吕振宁
孔德龙	吴 疆	张 虎	牛楚轩	寇卫华	刘彧彧
王 位	吴 超	侯 涛	赵海军	刘晓燕	孟凡宇
佟 彤	皮玉明	高 岩	毕 龙	任 刚	林 清
刘忠丽	刘洪生	赵 林	曹 勇	田张鹏	阴 彬
马东宏	张富岩	王利民	寇卫忠	王月强	俞晓华
张 慧	刘清海	李欣新	王东杰	渠永涛	蔡元斌
刘业福	王德朋	王中伟	王延龙	孙家涛	郭 杰
张万忠	种 俊	李晓明	金成稳	马 睿	乔 博

《调鼎集（全四册）》
工作团队

统 筹

刘万庆

注 释

邢渤涛　史树青　朱靖宇　张可心　夏金龙

刘　晨　刘义春　牛建鹏　赵将军

译 文

史兰菊　张可心　夏金龙　刘义春　牛建鹏　赵将军

审 校

陶文台

中国烹饪古籍丛刊
出版说明

国务院一九八一年十二月十日发出的《关于恢复古籍整理出版规划小组的通知》中指出：古籍整理出版工作"对中华民族文化的继承和发扬，对青年进行传统文化教育，有极大的重要性"。根据这一精神，我们着手整理出版这部丛刊。

我国的烹饪技术，是一份至为珍贵的文化遗产。历代古籍中有大量饮食烹饪方面的著述，春秋战国以来，有名的食单、食谱、食经、食疗经方、饮食史录、饮食掌故等著述不下百种，散见于各种丛书、类书及名家诗文集的材料，更是不胜枚举。为此，发掘、整理、取其精华，运用现代科学加以总结提高，使之更好地为人民生活服务，是很有意义的。

为了方便读者阅读，我们对原书加了一些注释，并把部分文言文译成现代汉语。这些古籍难免杂有不符合现代科学的东西，但是为尽量保持其原貌原意，译注时基本上未加改动；有的地方作了必要的说明。希望读者本着"取其精华，去其糟粕"的精神用以参考。

编者水平有限，错误之处，请读者随时指正，以便修订和完善。

中国商业出版社

1982 年 3 月

出 版 说 明

　　20 世纪 80 年代初，我社根据国务院《关于恢复古籍整理出版规划小组的通知》精神，组织了当时全国优秀的专家学者，整理出版了"中国烹饪古籍丛刊"。这一丛刊出版工作陆续进行了 12 年，先后整理、出版了 36 册。这一丛刊的出版发行奠定了我社中华烹饪古籍出版工作的基础，为烹饪古籍出版解决了工作思路、选题范围、内容标准等一系列根本问题。但是囿于当时条件所限，从纸张、版式、体例上都有很大的改善余地。

　　党的十九大明确提出："深入挖掘中华优秀传统文化蕴含的思想观念、人文精神、道德规范，结合时代要求继承创新，让中华文化展现出永久魅力和时代风采。"做好古籍出版工作，把我国宝贵的文化遗产保护好、传承好、发展好，对赓续中华文脉、弘扬民族精神、增强国家文化软实力、建设社会主义文化强国具有重要意义。中华烹饪文化作为中华优秀传统文化的重要组成部分必须大力加以弘扬和发展。我社作为文化的传播者，坚决响应党和国家的号召，以传播中华烹饪传统文化为己任，高举起文化自信的大旗。因此，我社经过慎重研究，重新系统、全面地梳理中华烹饪古籍，将已经发现的150余种烹饪古籍分40册予以出版，即这套全新的"中华烹饪古籍经典藏书"。

此套丛书在前版基础上有所创新，版式设计、编排体例更便于各类读者阅读使用，除根据前版重新完善了标点、注释之外，补齐了白话翻译。对古籍中与烹饪文化关系不十分紧密或可作为另一专业研究的内容，例如制酒、饮茶、药方等进行了调整。由于年代久远，古籍中难免有一些不符合现代饮食科学的内容和包含有现行法律法规所保护的禁止食用的动植物等食材，为最大限度地保持古籍原貌，我们未做改动，希望读者在阅读过程中能够"取其精华、去其糟粕"，加以辨别、区分。

我国的烹饪技术，是一份至为珍贵的文化遗产。历代古籍中留下大量有关饮食、烹饪方面的著述，春秋战国以来，有名的食单、食谱、食经、食疗经方、饮食史录、饮食掌故等著述屡不绝书，散见于诗文之中的材料更是不胜枚举。由于编者水平所限，书中难免有错讹之处，欢迎大家批评指正，以便我们在今后的出版工作中加以修订和完善。

中国商业出版社

2022 年 8 月

本书简介

　　《调鼎集》是清代的一部饮食专著。原书是手抄本，现藏北京图书馆善本部。本书即据此整理、标点、注释和译文。

　　原手抄本前有成多禄于戊辰年（1928年）写的《调鼎集序》。序中说是书凡十卷，不著撰者姓名。但是，该手抄本卷三目录前署有"北砚食单卷三"字样；其"特牲部"引言署名为"北砚氏漫识"；"杂牲部"引言署名为"北砚氏识"；卷四中有"童氏食规"字样；卷五目录前亦有"北砚"二字。卷八"酒谱序"署名"会稽北砚童岳荐书"。按：童岳荐，字北砚，是乾隆年间江南盐商，他或即本书的最早撰辑者；究竟最后成书于何时何人，待进一步考定。

　　《调鼎集》内容相当丰富，共分十卷。卷一为油、盐、酱、醋与调料类，其中尤以各种酱、酱油、醋的酿制法以及提清老汁的方法，叙述详备；卷二较杂，主要为宴席类，尤以铺设戏席、进馔款式及全猪席等资料比较珍贵；卷三为特牲、杂牲类菜谱；卷四为禽、蛋类菜谱；卷五为水产类菜谱；卷六为衬菜等菜谱；卷七为蔬菜类菜谱；卷八为茶酒类和饭粥类；卷九为面点类。有六卷（指三、四、五、七、八、九卷）的编撰方法和《随园食单》相类似。其中卷八的"酒谱"，可以独立成书。卷九后半卷和卷十的全卷为糖卤及干鲜果类，写法亦很精细。卷六则与卷二相似，比较杂乱，写法较简，像是随手摘记的零碎资料而尚未成书。其中"西人面食"一节，记载了我国西北地区人民的种种面食，这对于研究我国西北地区的饮食发展，也是极为珍贵的资料。

该书资料性强，实用价值高，文字亦比较浅显，既适于家庭烹调参考使用，更值得从事饮食业人士研究参考。

本书共分四册，第一册有卷一、卷二、卷三（上）；第二册有卷三（下）、卷四、卷五；第三册有卷六、卷七、卷八（上）；第四册有卷八（下）、卷九、卷十。

本书在注释过程中曾经得到史树青、朱靖宇等先生的帮助，陶文台同志也参与了审校。

原书中的内容过于简短易懂的或注释较为丰富的，便省略了译文。

正文中标记※号的内容，均为原书中的眉批。

中国商业出版社

2023年1月

目 录

卷三 特牲杂牲部（上）

序

是书凡十卷，不著撰者姓名，盖相传旧钞本也。上则水陆珍错、羔雁禽鱼，下及酒浆醯酱盐醢之属，凡周官①庖人之所掌，内饔、外饔②之所司，无不灿然大备于其中，其取物之多，用物之宏，视《齐民要术》③所载物品饮食之法尤为详备。为此书者，其殆躬逢太平之世、一时年丰物阜④、匕鬯⑤不惊，得以其暇，著为此篇，华而不僭⑥，秩而不乱。《易》⑦曰："君子以酒食宴乐"，其斯之谓乎？往者伊尹⑧

---

① 周官：《周礼》。书中记载了周王室官制和战国时代各国制度。为儒家经典之一。

② 内饔（yōng）、外饔：均为周代官廷中为王室人员吃喝服务的机构。内饔管割烹；外饔管外祭祀割烹。

③ 《齐民要术》：北魏贾思勰撰。是我国完整保存至今最早的一部古农书。

④ 物阜：物产丰富。

⑤ 匕鬯（chàng）：为古代宗庙祭祀用物，后以指宗庙的祭祀。匕，指勺、匙类舀取食物的用具。古人在祭神或祭祀时，要用"匕"将鼎煮熟的祭肉捞出，盛放在祭器"俎（zǔ）"里。鬯，古时祭祀祭神用的用香草泡过的酒。

⑥ 不僭（jiàn）：是不过分、适当的意思。僭，超越本分。

⑦ 《易》：《周易》，又称《易经》，儒家经典之一。

⑧ 伊尹：商初大臣。姓伊，名挚，尹是官名。传说奴隶出身，原为有莘氏女的陪嫁之臣，善于烹调，后来成为商汤的宰相。"伊尹以割烹要汤"一语，出自《孟子·万章下篇》："万章问曰：'人有言，伊尹以割烹要汤，有诸？'"

以割烹要汤①，遂开商家六百载之基。高宗②之相傅说③也，曰"若作酒醴，尔惟盐梅④，遂建中兴之业"。老子⑤曰"治大国若烹小鲜⑥"。圣主之宰割天下比物，此志也。然则是书也，虽曰食谱，谓之治谱，可也。济宁⑦鉴斋先生与多禄相知二十余年，素工赏鉴，博极群书，今以伊傅之资，当割烹盐梅之任，则天下之喁喁⑧属⑨望。歌舞醉饱，犹穆然想见宾筵礼乐之遗。而故人⑩之所期许⑪要自有远且大者，又岂仅在寻常匕箸⑫间哉！先生颇喜此书，属弁⑬数言以志赠书

① 要（yāo）汤：求得商汤的信任使用。

② 高宗：指商代国王武丁。为盘庚弟小乙之子。相传少时生活在民间，即位后重用傅说（yuè）、甘盘为大臣，力求巩固统治。

③ 傅说：高宗武丁的大臣。相传原是傅岩地方从事版筑的奴隶，后被武丁任为大臣，治理国政。

④ 若作酒醴（lǐ），尔惟盐梅："酒醴"为"和羹"之误。《尚书·说命下》："若作酒醴，尔惟曲蘖（niè）；若作和羹，尔惟盐梅。"意为：若要做甜酒，你就是酒母；若要做味道调和的羹汤，你就是调味的盐和酸梅。比喻治理国家少不了傅说。

⑤ 老子：老聃（dān）。姓李，名耳，字伯阳。春秋时思想家，道家的创始人。曾著《道德经》。

⑥ 治大国若烹小鲜：此语出自《道德经·治大国章》。

⑦ 济宁：地名。在山东省西南部。

⑧ 喁（yóng）喁：形容众人向慕的样子。《三国志·蜀志·诸葛亮传》："天下英雄，喁喁冀有所望。"

⑨ 属：专注。

⑩ 故人：旧友。

⑪ 期许：期望故人。

⑫ 匕箸（zhù）：羹匙和筷子。

⑬ 弁（biàn）：原为古代贵族戴的一种帽子。后引申为放在最前面的意思。

之雅云。

戊辰^①上元^②

成多禄^③序于京师十三古槐馆

【译】这部书共计十卷，没有写明撰者姓名，相传是个古旧抄本，流传至今，上自水中陆上的珍馐美味、羊羔禽雁鱼类，下至酒浆醋酱、咸盐肉酱之类，凡是《周礼》中记载的庖人、亨人、内饔、外饔所掌握的食品加工和烹调技术，无不光彩鲜明地齐备于书中，其取物之繁多，用物之宏阔，比《齐民要术》所记载的物品饮食之法还要详备。这部书的作者，他大概亲身经历太平之世，当时年年丰收、物产盛多、国泰民安，得以有闲暇的时间，著成了这部书，内容华美而不过分，有条理而不凌乱。《周易》说：君子靠酒食来宴乐，正是说的这个意思吧？从前，伊尹凭着割烹的理论来取得商汤信用，于是开创了商朝六百年的基业。商高宗武丁在任命傅说做宰相时说"譬如要做味道调和的羹汤，你就是调味的咸盐和酸梅"，于是建树了使商朝中兴的伟业。老子说"治大国同烹小鲜是一样的道理"。圣人们把统治天下作这样的比喻，表现了他们的志向。所以说这部书，虽然是食谱，称为治谱，也是可以的。原籍济宁的鉴斋先生同我相知

① 戊辰：六十年为一甲子。此处戊辰指 1928 年。

② 上元：正月十五。

③ 成多禄：字竹山（公元 1864—1928 年），号澹堪，吉林人。民国十六年（公元 1927 年）曾任国立京师图书馆副馆长，擅文学、书法，著有《澹堪诗草》。

已有二十多年了，他素来精于鉴赏之道，博览群书，现在凭着他同伊尹、傅说一般的天资，来做些割烹调味的事情，必然会引起天下向慕者的专注。当歌舞醉饱的时候，会庄严肃穆地想起古时宾宴礼乐的遗制。然而旧友们所期望的主要目标自然是远大的、更重要的事业，又岂仅仅是在这普普通通的羹匙筷子之间的事呢！鉴斋先生颇喜欢这部书，嘱咐我写几句话作为序，以记载赠书这件雅事。

戊辰年正月十五
成多禄作序于京师十三古槐馆

卷一

调和作料部

酱

酱不生虫：面上洒芥末或川椒末，则虫不生。

避蝇蚋①：面上洒小茴末，再用鸡翎②沾生香油抹缸口，则蝇蚋不入。

凡生白衣与酱油浑脚，用次等毡帽头，稀而不紧者，滤之则净。醋同。

【译】酱不生虫的方法：在面上撒芥末或川椒末，就不会生虫。

避蝇蚋的方法：在面上撒小茴香末，再用鸡翎蘸生香油抹缸口，就不会飞入蝇蚋。

凡是滋生了白衣或有酱油污浊物，就用次等的毡帽头，表面纹路稀而不紧的，过滤一下就干净了。醋也是一样。

造酱用腊水

头年腊水拣极冻日煮滚，放天井空处冷定③存。俟夏月泡酱，是为腊水。最益人，不生虫，经久不坏。造酱油同。

又，六月六日取水，净瓮盛之。用以作酱、醋、腌物，一年不坏。

【译】选上一年的腊水在非常寒冷的日子里煮开，晾

---

① 蝇蚋（ruì）：苍蝇和蚊子。

② 鸡翎（líng）：鸡翅和尾上的长而硬的羽毛。

③ 定：疑通"淀"。淀，沉淀物，杂质。

凉、去杂质后放在天井通风处储存。等到夏天的时候去泡酱，（把它）称为"腊水"。对人身体特别好。不易生虫，长时间不会腐败变质。造酱油与之相同。

另外，在六月六日取水，用干净的坛子盛。用来做酱、醋、腌渍物，一年不会腐败变质。

造酱要三熟

熟水①调面作饼；熟面作黄②，将饼蒸过用草罨③。熟水浸盐，盐用滚水煎。造酱油同。

【译】用熟水和面做面饼；熟面造酱，将面饼蒸过并用草覆盖。熟水浸泡盐，盐用开水煮。造酱油与之相同。

滤盐渣

凡盐入滚水搅三四次，澄清，滤去泥脚、草屑用。造酱油同。

【译】将盐放入开水中搅动三四次，澄清，过滤掉杂质和草屑。造酱油与之相同。

造甜酱

宜三伏天取面粉，入炒熟蚕豆屑（不拘多少），滚水和

---

① 熟水：经过高温烧开过的水，包括开水、温开水、凉白开。

② 作黄：造酱时，需先将原料做成饼子，然后用草盖上，使其发酵，直至饼子上生出黄绿色菌孢。

③ 罨（yǎn）：掩覆；覆盖。

成饼，厚二指，大如指掌，蒸熟，冷定，楮叶①厚盖，放不透风处，七日上黄②。晒一二日，捣碎，滚水下盐（滤过）泡成酱。每黄子③十斤，用盐三斤。

又，每面粉一担④，蒸熟作饼，成黄子七十五斤。不论干湿，每黄一斤，用盐四两。将盐用滚水化开，下缸即用棍搅，不使留块（若有块，取出复上磨）。

苏州甜酱：每黄豆一石⑤，用面一百六十斤。

扬州甜酱：每豆一石，用面四百斤。又，晒甜酱加炒熟芝麻少许，滋润而味鲜，用以酱物更佳。

又，黄子一百斤，用盐二十五斤、水六十斤，晒三十日。须每日换缸晒之，然后搅转，长晒。愈晒愈红愈甜。黄用干面一百斤，晒透净存八十斤，成酱可还原一百斤。盐加晒熟可得一百三十斤。酱黄内入七分开之梅花，颇香。

【译】最好在三伏天选取面粉，加入炒熟的蚕豆屑（不论多少数量），用开水和成面饼，两个手指厚，大小如手掌，蒸熟后晾凉，厚厚地盖上楮叶，放在不透风的地方，七日后即可上黄。晒一两天后捣碎，用（滤过）煮开的盐水浸

---

① 楮（chǔ）叶：楮树的叶子。楮，又名"构"。皮可制桑皮纸；嫩芽和花可食；叶在造酱时可作掩盖之物。

② 上黄：使做酱的原料在经过掩盖发酵后颜色变黄，这个过程，称为上黄。

③ 黄子：豆面饼上黄后捣碎，即称黄子。也称酱胚或酱母子。

④ 一担：今一百斤。

⑤ 一石（dàn）：今一百斤。

泡成酱。每十斤黄子，用三斤盐。

另外，每一百斤面粉，蒸熟做饼，放入七十五斤黄子。不论干湿，每一斤黄子，用四两盐。将盐用开水化开，下入缸后立刻用棍搅动，不要留下块（如果有块，取出重新上磨研磨）。

苏州甜酱：每一百斤黄豆，用一百六十斤面。

扬州甜酱：每一百斤黄豆，用四百斤面。另外，晒甜酱的时候加少许炒熟的芝麻，酱会滋润而且味道鲜美，用它来酱食物更好。

另外，一百斤黄子，用二十五斤盐、六十斤水。晒制三十天。须每天用不同的缸晒，然后搅转，长时间地晒。越晒酱越红、越甜。黄用一百斤干面，晒透后净存八十斤，成酱可还原一百斤。加入盐晒熟后可得一百三十斤。在酱黄内加入七成开的梅花，味道非常香。

造瓷酱

白豆炒磨极细粉，投面、水和作饼，入汤煮熟，切片，晒干，同黄子捶碎入瓷，加盐滚水，泥封十个月，成酱，味极甜。

【译】将白豆炒制并且磨成非常细的粉，加入面、水调和做成面饼，下入开水中煮熟，取出切片，晒干，与黄子一并槌碎装入坛中，加入盐开水，用泥封闭十个月后，酱就做好了，味道很甜。

造酒酱

糯米一斗做成白酒浆。加炒盐四两、淡豆豉半斤、花椒一两、胡椒二钱，大小茴香各一两、生姜一两，和匀细磨，即成美酱。

【译】用一斗糯米做成白酒浆。加入四两炒盐，半斤淡豆豉，一两花椒，两钱胡椒及大、小茴香各一两，一两生姜，调和均匀并且磨细，即成好酱。

造麸酱

每小麦麸一斗，用盐三斤，少则淡，易酸。先将麦（麸）煮熟取起，待温，用粉拌。摊芦席上一寸厚，七日上黄，晒干磨碎。每碎十斤加盐三斤、熟水二十斤，下缸，入糯米冷饭一碗，搅匀成酱，任酱各物皆了①。凡酱物须腌去水，晾干投酱内，一复时②可用。

【译】每一斗小麦麸，用三斤盐，盐少则淡，容易酸。先将麦麸煮熟后取起，等温度降下后，用面粉拌匀。摊一寸厚在芦席上，七天后上黄，晒干后磨碎。每十斤碎加入三斤盐、二十斤熟水，下入缸中，加入一碗凉糯米饭，搅拌均匀成酱，任意酱各种食材都可以。所有需要酱的食材必须腌去水分，晾干后投入酱中，一天一夜就可以食用了。

---

① 皆了：皆好；都可以。

② 一复时：一天一夜。

芝麻酱

熟芝麻一斗捣烂。六月六日将滚水晾冷，用坛调匀，水高芝麻一指许，封口。晒七日，开坛将黑皮去净，加酒娘^①糟三碗、酱油三碗、酒二碗、红曲末一升、妙^②绿豆一升、小茴一两，和匀，半月后用。

【译】将一斗熟芝麻捣烂。六月六日将开水晾凉，（同熟芝麻）装入坛中，调和均匀，水面要高出芝麻一指左右，封闭坛口。晒制七天后，开坛将黑皮去除干净，加入三碗酒母糟、三碗酱油、两碗酒、一升红曲末、一升炒绿豆、一两小茴香，调和均匀，半月后就可以食用了。

乌梅酱

乌梅一斤洗净，连核打碎，入砂糖五斤，拌匀，隔汤煮一炷香^③。伏天取用，消暑。

【译】将一斤乌梅洗干净，连同乌梅核一并打碎，加入五斤砂糖，拌均匀，隔水煮一炷香的时间（就可以了）。伏天的时候食用，可以消暑。

玫瑰酱

甜酱碟内，入玫瑰花蕊蘸^④。用多，投入缸内，酱物亦好。

---

① 酒娘：酒酿；酒母。

② 妙：疑为"炒"。

③ 一炷香：指燃尽一炷香的时间。古时用点香计时，约相当于四十五分钟。

④ 蘸：此处指把玫瑰花蕊浸入甜酱内。

【译】甜酱放入碟内，把玫瑰花蕊浸入甜酱内。如果用量大，就把玫瑰花蕊投入甜酱缸内，酱其他食材也很好。

甜酱卤

即甜酱稀汁。以之烧肉，色甚佳。蘸白肉、拌黄菜俱妙。

【译】就是甜酱稀汁。用它来烧肉，颜色非常好。蘸白肉、拌黄菜都很好。

米酱

白米舂粉，烧水作饼子，蒸熟候冷，铺草上，以草盖之。七日取出晒干，刷去毛，不必捣碎。每斤配盐四两、水十大碗。盐水先煎滚，候冷，澄清，泡黄。早、晚翻搅，晒四十日，收贮听用^①。

又，糯米与白米对配，作同前。

又，不论何米，江米更好，用水煎几滚，带生捞起，不可太熟，蒸透（不透不妨）取起，用席摊开寸半厚，俟冷盖密，至七日晒干。如遇好天，用冷茶拌湿再晒。每米黄一斤配盐一斤、水四斤。盐、水煮滚，澄清去渣。候冷，将米入盐水，晒四十九日，不时用竹棍搅匀。倘日色太烈，晒至期过干，用冷茶和匀（不干不用），俟四十九日后，将米并水俱收起，磨极细即成米酱（或用细筛磨烂亦可）。以后或晒

---

① 听用：备用。

或盖，密置当日处，任便①加酱。干可加冷茶，和匀再晒。凡搅时看天气，晴明动手。如遇阴天，则不可搅。

【译】将白米捣成粉，用开水做成饼子，蒸熟后放凉，铺在草上，用草盖住。七天后取出晒干，刷去表面的毛，不用捣碎。每斤米粉配四两盐、十大碗水。盐、水先煮开，晾凉，澄清，浸泡酱黄。早、晚分别翻搅，晒制四十天，收贮备用。

另外，糯米与白米同等比例，做法同前。

还有，不论选用哪种米，江米更好。用水将米煮几开，米半生时就捞出来，不要太熟，上笼蒸透（不透也没关系）后就取出来。将米放在席子上摊开一寸半厚，等凉了以后就覆盖严实，至七天后就晒干了。如遇好天气，就用凉茶拌湿再晒。每一斤米黄配一斤盐、四斤水。盐、水煮开，澄清去渣。等凉后，将米下入盐水，晒四十九天，经常用竹棍搅动均匀。如果阳光太强烈，晒到日子米过于干，就用凉茶调和均匀（不干就不用了）。等到四十九天后，将米和水一并收起，研磨得很细就成米酱了（或者也可以用细筛磨烂）。以后或晒或盖，密闭放在阳光下，任意加酱。干可以加凉茶，调和均匀再晒。凡搅动时要看天气，晴朗的时候可以搅动。如果遇到阴天，就不可以搅动。

---

① 任便：根据自己的意愿行事，或指随便、听凭你的方便。

西瓜甜酱

（做酱油亦用此黄）用白饭米①泡水，隔宿捞起舂粉，筛就晒干，或碎末亦可。次用黄豆淘净（米粉十五斤配黄豆亦可），和水，和满锅，慢火煮一日，歇火，焖一复时。次早连汁取出，入大盆内同粉拌匀，用手揣揉，捻成块子，铺草席上，仍用草盖。少则七日，多则十日，取出摊门上，晒干，刷去毛。杵碎与盐对配（前去②黄子十斤，用盐二斤八两），和匀装盆。每黄一斤配好西瓜六斤，削去青皮。用木板架于盛黄盆上，切开瓢，揉烂带汁子一并下去。白皮切作薄片，仍用力横括细碎，搅匀。此酱所重者瓜汁，一点勿轻弃。将盆开口向日中大晒，搅四五次，至四十日，装坛听用。若欲作菜，候一月时，另取小罐，用老姜或嫩姜切丝，多下加杏仁（去皮、尖）。如要入菜油，先煮透，搅匀，再晒十余日，收贮，可当淡豆豉用。

【译】（做酱油也用此黄）将大米泡水，泡一夜后捞出捣成粉，筛后晒干，或者是碎末也可以。再将黄豆淘洗干净（用十五斤米粉配黄豆也可以），加入水，调和一满锅，慢火煮一天，停火，焖一天一夜。第二天一早连汁一并取出，下入大盆内同粉拌匀，用手揣揉，捻成块子，铺草席上，仍用草盖住。少则七天，多则十天，取出摊在门上，晒

---

① 白饭米：大米。

② 去：疑应为"法"。

干，刷去表面的毛。杵碎与盐同等比例（前法十斤黄子，用两斤八两盐），调和均匀后装入盆中。每一斤酱黄配六斤上好的西瓜，将西瓜削去青皮。用木板架于盛酱黄的盆上，切开瓜瓤，揉烂连同瓜汁一并下去。瓜白皮切成薄片，一样用力捣碎，搅拌均匀。做此酱重要的在于瓜汁，一点儿都不能丢掉。将盆口朝向太阳暴晒，搅动四五次，直到四十天后，装坛备用。如果想做菜，等一个月后，另取小罐，加入老姜或嫩姜切丝，多下入一些杏仁（去皮、尖）。如果要加入菜油，先煮透，搅拌均匀，再晒十多天，收贮，可以作为淡豆豉用。

面甜酱

白面十斤以滚水作成饼子，不可太厚。中挖一孔令透气，蒸熟。放暖屋，用稻草铺遍。草上加席，放面于上，覆以席，勿令见风，俟七日发黄，取出，候冷，晒干。每十斤配盐二斤八两。滚水将盐泡半日，候冷，澄去浑脚。下黄时，以木扒搅，令烂，每早日未时①翻搅极透，晒红，取出磨过，放大锅煎之。每一锅放红糖一两，不住手搅熬，至颜色极红，装坛，候冷封口。仍晒之，味甚鲜美。一云：酱晒至红色，可以不磨，只在合盐水时搅打，用手擦磨极烂。或先行杵碎，粗筛筛过，以水泡之，自然隔②化。兼可不用锅

---

① 每早日未时：原抄本如此。未时指十三时至十五时，有误，疑应为"每早日未出时"。

② 隔：疑应为"融"。

煎，只用大盆盛，盛置锅内，隔汤煮之。亦加红糖，不住手搅，至红色装起。此法似略简。

【译】将十斤白面用开水做成饼子，不可以太厚。在中间挖一孔便于透气，蒸熟。放在温暖的屋里，用稻草铺地。草上加席子，把面饼放在席子上，盖上席子，不要见到风，等七天后发黄，取出来，等到凉后，晒干。每十斤面配两斤八两盐。用开水将盐浸泡半天，等凉后，澄去杂质。下黄的时候，用木耙搅动，将面饼搅烂，每天早上太阳没出来的时候将其翻搅得很透，晒到发红，取出研磨，放入大锅内煎煮。每一锅放一两红糖，不停手地搅、熬，一直到颜色非常红，装入坛内，凉后封闭坛口。继续晒制，味道非常鲜美。有一种说法：酱晒至红色后，可以不研磨，只在加入盐水的时候进行搅打，用手擦磨至非常烂。或者先把它擀碎，用粗筛子筛过，用水浸泡，自然融化。可以不用锅煎煮，只用大盆盛，放在锅内，隔水煮制。也要加红糖，不停手地搅动，变红色后装坛收贮。这种方法好像很简单。

又，小麦蒸粉不拘多少，和水成块，切片约厚四五分，蒸。先于空房内用青蒿铺地，鲜荷叶亦可，加干稻草，上面再铺席，将熟面片排草上，覆以稻草盖上，至半月后发黄，取出晒干，将毛刷去，用新瓷器收存。临用，研成细粉，每十斤配盐二斤八两。将大盐预先擀碎，净水煎过，澄去浑脚，和黄入缸。或加红糖亦可。以水较酱黄约高寸许，大日晒月余，每早日未出时，翻转极透，自成好酱。

【译】另，将小麦蒸粉不论多少，加水和成块，切约厚四五分的片，蒸制。先在空房内用青蒿铺地，用鲜荷叶也可以，加干稻草，在上面再铺上席子。将熟面片排列在草（席）上，再用稻草盖上，至半个月后发黄，取出晒干，将表面的毛刷去，用新的瓷器收存。临用的时候，研成细粉，每十斤酱黄配两斤八两盐。将大盐预先擀碎，用净水煎过，澄去杂质，与酱黄一同入缸。或加些红糖也可以。水要高出酱黄约一寸，在太阳下暴晒约一个月，每天早上太阳还未出来时，把酱黄翻转得非常透，即可成为好酱。

又，白面粉每斗得黄酒糟一饭碗入面。做剂子一斤一个，蒸熟，晾冷，收。或一堆，用布袍袱①盖好，十日后，皮作黄色，内泛起如蜂窝。分开小块，晒干，研烂，新汲井水调和，不干不湿便可卷成团。每面一斤②约用盐四斤六两，调匀下缸。大晴天晒五日，即泛涨如粥，酱皮红色如油。用木扒兜底掏转，仍照前一斗之数，再加盐三斤半调和。后按五日一次掏转，晒至四十五日即成酱矣。酱油热时，不可乱动，切忌③。

【译】另，将每斗白面粉配一饭碗黄酒糟，加入面中。

---

① 袍袱：包袱。

② 斤：依后文此处应为"斗"。

③ 忌：疑应为"记"。

做成一斤一个的剂子，蒸熟后晾凉，收起来。或者做成一堆，用布包袱盖好，十天后，表皮呈黄色，里面泛起像蜂窝一样的泡。分成小块，晒干，研烂，用新打上来的井水调和，不干不湿的时候卷成面团。每一斗面约用四斤六两盐，调匀后下缸。大晴天晒五天，即可以发酵得像粥一样，酱皮的红色像油一样亮。用木耙从最深处掏转，仍然按照前一斗面的数量，再加入三斤半盐调和。之后就按每五天一次进行掏转，晒至四十五天酱就做成了。酱油热的时候，不要乱动，切记。

又，黄豆五升配干面粉十五斤。先将盐用滚水泡开，澄去浑脚，晒干，净用十二斤。将豆下大锅，水配满，煮一夜歇火，次早汁取入大盆，用面粉拌匀，用手捻起，排芦席上，盖草令发霉。少则七日，多则十日，取出，摊开晒干，研碎下缸。将盐泡水和下，欲干少加水，欲稀多加水。日晒，每早用木棍翻搅，十日或半月可用。一云：多用水，依前小麦面方作酱油亦佳。

【译】另，五升黄豆配十五斤干面粉。先将盐用开水泡开，澄去杂质，晒干，只用十二斤。将黄豆下大锅，水加满，煮一夜后停火，第二天早上取汁下入大盆，用面粉拌匀，用手捻起，排放在芦席上，盖草让它发酵。少则七天，多则十天，取出，摊开晒干，研碎后下入缸中。将盐泡水后一并加入，想让酱干些就少加水，想让酱稀些就多加水。在太阳下晒，每天早上用木棍翻搅，十天或半个月就可以用了。一种说法：多用水，依照前面小麦面方的方法做酱油也很好。

又，白面粉和剂，切成片蒸熟，用各树叶罨，七日晒久，捣碎。每十斤用盐三斤，熟水二十斤，晒，每日搅之，色红而甜。

【译】另，将白面粉和面做成剂子，切成片蒸熟，用各种树叶掩盖，晒够七天，捣碎。每十斤面用三斤盐、二十斤熟水，再晒，每天都要搅动，酱的颜色红亮、味道甜美。

又，生白面粉水和作饼，罨黄晒松①。每十斤用盐五斤、水二十斤，晒成收之，作调粉极佳。

【译】另，将生白面粉加水和面做成饼，掩盖、发酵、长出黄衣、晒干、制粉。每十斤白面粉用五斤盐、二十斤水，晒成收贮，作为调味粉非常好。

又，小麦二斗泡二日，取出淋净，蒸熟，晾冷，铺席上，用草盖好，黰②七日，俟冷，取出晒极干，簁其黄衣③磨粉，不必筛。用白糯米八升煮稀粥，晾冷。将麦面每斤用盐六两，同粥和匀，放浅缸内，四面摊开，晒七日。俟冷取出，即可酱物。其酱于七日后分作二股，一半酱头落④，一半留入坛（又，每麦十斤、糯米三升，用盐五十八两。如有

---

① 松：依后文，似干后制粉。

② 黰（zhěn）：黑。此处指不见阳光。

③ 黄衣：指饼子上黄后，饼面上生成的那层黄绿色的绒毛。

④ 头落：似指酱腌的头一道工序。

酸味，再加糯米粥、盐）。

【译】另，取两斗小麦浸泡两天，取出淋干净，蒸熟，晾凉，铺在席子上，用草盖好，七天不要见阳光，等凉后取出来，晒到非常干，簸去黄衣后磨成粉，不用筛。用八升白糯米煮成稀粥，晾凉。将每斤麦面用六两盐，同粥和匀，放在浅缸内，四面摊开，晒七天。等凉后取出，就可以酱腌食材了。这种酱在七天后分为两份，一半酱用于酱腌第一道工序，另一半留在坛中（另，每十斤麦、三升糯米用五十八两盐。如发现有酸味，再加些糯米粥、盐）。

自然甜酱

先将大酱樽一个，入白面几十斤，每斤用水一斤，用手拌之。如酱黄成，即起别处。将面用水，以手拌之。又起，如此拌完。不湿不干，以草盖好。热过七日，将黄舂碎，筛细如粉。取热盐卤入面内，不湿不干，入薄薄坛内，以手压实，一层面一层盐，至顶而止。夏布扎口，外用镰子樽①盖顶。不必露天，放有日处。不必去看，亦不畏雨，一月即好。多日更红、更甜。数年俱可留得，永绝蝇蛆之患。

【译】先准备一个大酱樽，加入几十斤白面，每斤白面用一斤水，用手拌好。如酱黄做成了，就换别的地方。将白面加水，用手搅拌。再起，再照此拌完。要不湿不干，用草盖好。晒够七天，将酱黄捣碎，用细筛筛出很细的

① 镰（piě）子樽：这里指敞口的樽。镰，烧盐用的敞口锅。

粉。取热盐卤加入面内，要不湿不干，薄薄地加入坛内，用手压实，一层面一层盐，一直到顶就可以了。用夏布扎好坛口，外用皷子樽盖住坛顶。不必露天，放在有太阳光的地方。不必去察看，也不要怕雨，一个月后就可以了。时间长了会更红、更甜。可以保存很多年，永不会有蝇、蛆之患。

蚕豆酱

蚕豆炒过，磨成粉，一半面，三斤和匀，切片罨黄[①]晒。每十斤盐五斤腊水，晒成收之（近不炒，磨去壳，煮子糜[②]而已。亦有不去壳者）。

【译】将蚕豆炒好，磨成细粉，加入一半面、三斤（盐水）调和匀，做饼切片掩盖发酵使其长出黄色孢子后晾晒。每十斤盐配五斤腊水，晒成以后收贮（如果不炒蚕豆，要磨去外壳，将蚕豆煮糜烂。也有不去外壳的）。

黄豆酱

黄豆磨净，和面，罨，再磨。每十斤盐五斤腊水，晒成收之。

【译】将黄豆洗净磨粉，和面，掩盖发酵，再磨。每十斤盐配五斤腊水，晒成以后收贮。

---

① 罨黄：指掩盖发酵物，保湿保温，以利于霉菌发育，长成黄色孢子。

② 煮子糜：将蚕豆煮糜烂。

黑豆酱

黑豆一斗炒熟，水浸半日，煮烂，入大麦面二十斤，拌匀，和剂，切片，蒸熟，罨黄晒捣。每一斗盐二斤、井水八斤。晒成，黑、甜而色清。

【译】将一斗黑豆炒熟，用水浸泡半天，再煮烂，加入二十斤大麦面粉，拌均匀，做成剂子，切片，蒸熟，掩盖发酵使其长出黄色孢子，晾晒后捣成酱。每一斗黑豆加入两斤盐、八斤井水。晒成以后，酱黑亮、香甜。

用酱法

凡烹调用酱，取冷水调稀，勿用热水，澄清，去酱渣，入锅略熬，亦无酱气。

【译】凡是烹调用酱的时候，用凉水将酱调稀，不要用热水，澄清，去酱渣，下入锅中熬一下，就没有酱气了。

八宝酱

甜酱加砂糖，用熬熟香油炒透。将冬笋晒干，香蕈、砂仁、干姜、桔皮片俱研末，和匀，收贮。又，或不研末，和冬笋及各种菜仁^①、砂仁、酱瓜、姜同。

【译】甜酱加入砂糖，用熬熟的香油炒透。将冬笋晒干，香蕈、砂仁、干姜、橘皮片等都研成细末，调和均匀，收贮。另外，也可以不研末，调和冬笋及各种果仁、砂仁、酱瓜、姜等是一样的。

---

① 菜仁：此处应指"果仁"。

炒千里酱

陈甜酱五斤，炒芝麻二斤，干姜丝五两、杏仁、炒①仁各二两、桔皮四两、椒末二两，洋糖②四两，以熬过菜油，用前物炒干，收贮，暑月行千里不坏。

又，鸡肉丁、笋丁、大椒、香蕈、脂油用甜酱炒，贮用，亦"千里酱"。

又，各物用酱油煮，临用冲开水。

【译】五斤陈甜酱，二斤炒芝麻，五两干姜丝，杏仁、炒仁各二两，四两橘皮，二两椒末，四两白糖，用熬过的菜油，将这些食材一并炒干，收贮，夏天的时候行千里路不会腐败。

另，将鸡肉丁、笋丁、大椒、香蕈、脂油用甜酱炒好，收贮，也是"千里酱"。

另，各种食材用酱油煮制，临用的时候冲开水也可以。

炒芝麻酱

芝麻炒熟去皮，和细肉丁、甜酱同炒。酱内入大椒末，酱各种菜，另有一种辣味。麻油、甜酱用鲜汁和，熬成，滤清用。

【译】将芝麻炒熟后去皮，加入细肉丁、甜酱同炒。酱内加入大椒末，用来酱腌各种菜，还有一种辣味。麻油、甜酱用鲜汁调和好，熬制成，滤清杂质后再用。

---

① 炒仁：似应为"砂仁"。

② 洋糖：指从国外进口的机制糖。

酱油

造酱油用三伏黄道日^①（除危定执^②皆黄道日）浸豆，黄道日拌黄。

又，端午日^③取桃枝入缸。

又，火日^④晚间照酱^⑤，俱不生虫。不拘黄豆、黑豆，照法煮烂，入面，连豆汁洒和，或散、或块，或楮叶、或青蒿、或麦秸，于不透风处罨七日，上黄捶碎用。

【译】造酱油要选在三伏天的黄道吉日（除、危、定、执四日都是黄道吉日）浸泡豆子，选黄道吉日拌黄。

另，在端午日取桃枝加入缸中。

另，在丙丁日的晚间造酱，酱不会生虫。黄豆、黑豆都可以造酱，依照制作方法将豆煮烂，加入面粉，连同豆汁一并调和，散状、块状均可，用楮叶、青蒿、麦秸遮盖都可以，在不通风的地方放七天，上黄后捣碎了就可以用了。

---

① 黄道日：黄道吉日。中国民俗信仰中的十二位神明，分别为建、除、满、平、定、执、破、危、成、收、开、闭。这十二位神明每日轮值，周而复始，负责保护凡间人民的平安。建、满、平、收四日为黑道凶日，除、危、定、执、成、开为黄道吉日。

② 除危定执：除、危、定、执四日。

③ 端午日：农历五月初五。

④ 火日：我国古代以干支纪日，火日为丙丁日。

⑤ 照酱：造酱。

造酱忌日①

——下酱忌辛日②。

——水日③造酱必虫。

——孕妇造酱必苦④。

——防雨点入缸。

——防不洁身子、眼目。

——忌缸坛泡洗不净。

——酱晒得极热时不可搅动，晚间不可即盖。应搅之日务于清晨上盖，必待夜静晾冷。下雨时盖缸，亦当用木棍撑起，若焖住，黄必翻。

又，日已出⑤，或日已没，下酱无蝇。

又，橙合酱不酸。

又，雷时合酱令人复聋⑥。

① 原抄本此处无标题，根据目录添加"造酱忌日"。

② 辛日：我国古代人们用十支来记录日序。甲、乙、丙、丁、戊、己、庚、辛、壬、癸为天干，也称"十干"。子、丑、寅、卯、辰、巳、午、未、申、酉、戌、亥为地支，也称"十二支"。据记载从春秋鲁隐公三年（公元前720年）二月己巳日起到现在，已有2700多年干支记日，没有错乱和间断过，是世界上历史最悠久的记日法。

③ 水日：壬癸日。

④ 孕妇造酱必苦：旧时认为孕妇身子不洁。这是贱视妇女的封建迷信说法。

⑤ 日已出：根据上下文。似应为"日未出"。

⑥ 复聋：重（chóng）听，听觉失灵。打雷时合酱，会使人重听，无科学道理。

又，月上、下弦之候①触酱辄②。

【译】下酱忌选在辛日。

壬癸日造酱会生虫。

孕妇造酱味道会苦。

防止雨点落入缸中。

防止不洁净的身子和眼目。

忌缸、坛泡洗不干净。

酱晒得很热时不可以搅动，晚间不可以马上盖盖。需要搅动的时候一定要在清晨盖盖，也必须等到夜晚酱晾凉。下雨时盖缸，一定要用木棍撑起盖子，如果将酱焖住，酱黄会翻塘。

另，在太阳没有出来或已经落山的时候下酱，不会招来苍蝇。

另，用橙子合酱不会酸。

另，打雷时合酱会使人听觉失灵。

另，在月上、下弦的时候触酱会使人患足疾。

---

① 月上、下弦之候：月上弦时，为夏历每月初七、初八；月下弦时，为夏历每月二十二、二十三。所谓弦，是以此时月亮的形状如弯弓而得名。上弦时，可看见月球西边的半圆；下弦时，可看见月球东边的半圆。

② 辄（zhé）：指患足疾。《穀梁昭二十年传》："两足不能相过，齐谓之綦（qí），楚谓之踂（niè），卫谓之辄。"认为上弦、下弦之时触酱会患足疾，也是没有科学道理的。

试盐水法①

试盐水咸淡：用鸡子一枚入盐水内，若咸淡适中，蛋浮八分。淡则下沉，咸则浮起二指，丝毫不爽也。每黄十斤配盐三斤、水十斤，乃做酱油一定之法。斟酌加减，随宜而用。

【译】试盐水咸淡的方法：用一枚鸡蛋放入盐水内，如果口味适中，蛋浮起八分。口味淡则下沉，适中则浮起两指，丝毫也不爽。每十斤黄配三斤盐、十斤水，是做酱油的标准比例。斟酌加减，按照口味程度去调整。

制盐水法②

盐入水顺搅二三次，澄清，滤去泥渣，二次下盐再晒。

色淡加麦糖汁、甘草水。但加颜色，须防春发霉，秋、冬无碍。

【译】盐下入水顺时针方向搅动两三次，澄清，过滤掉泥渣，两次下盐后再晒。

如果颜色淡加入麦糖汁、甘草水。但是，加颜色时，必须防止春季发霉，秋、冬季节没关系。

造酱油论③

做酱油愈陈愈好，有留至十年者极佳。腐乳同。每坛酱油浇入麻油少许更香。又，酱油滤出入瓮，用瓦盆盖口，以

---

① 原抄本此处无标题，根据目录添加"试盐水法"。

② 原抄本此处无标题，根据目录添加"制盐水法"。

③ 原抄本此处无标题，根据目录添加"造酱油论"。

石灰封口，日日晒之，倍胜于煮。

做酱油豆多味鲜，面多味甜。北豆有力，湘豆^①无力。

酱油缸内，于中秋后入甘草汁一杯，不生花^②。又，日色晒足，亦不起花。未至中秋不可入。用清明柳条，止酱、醋潮湿。

做酱油，头年腊月贮存河水，俟伏日用，味鲜。或用腊月滚水。酱味不正，取米雹一二斗入瓮，或取冬月^③霜投之即佳。

酱油自六月起至八月止。悬一粉牌，写初一至三十日。遇晴日，每日下加一圈，扣定九十日，其味始足，名"三伏秋油"。又，酱油坛用草乌^④六七个，每个切作四块，排坛底，四边及中心有虫即死，永不再生。若加百倍，尤妙。

【译】做酱油越陈越好，有保存十年的最好。腐乳也一样。每坛酱油浇入少许麻油味道更香。另，将酱油过滤后入坛，用瓦盆盖住坛口，以石灰封坛口，天天晒，比煮制强很多。

做酱油时，豆子多味道鲜，面粉多味道甜。用北方种的豆子效果好，用湖南产的豆子效果不好。

---

① 湘豆：湖南产的豆子。

② 花：指酱油被产膜酵母感染后，在面上产生的灰白色斑点。如不加控制，这些斑点会逐渐扩大到整个表面，形成一层白膜并最终使酱油变质而无法食用。

③ 冬月：农历十一月。也指冬天。

④ 草乌：中药名。味辛、苦，性热。有祛风除湿、温经止痛的功效。

在中秋后，往酱油缸内加入一杯甘草汁，酱油不会生花。另，在太阳下晒足，也不会生花。没到中秋就不可加入甘草汁。用清明时的柳条，可以防止酱、醋潮湿。

做酱油，选头年腊月贮存河水，等到三伏天时再用，酱油的味道鲜。或者用腊月的开水。酱味如果不正，取米霜一两斗加入坛中，或者取冬天的霜加入坛中也好。

做酱油自六月起至八月止。悬挂一粉牌，写明初一至三十日。遇到晴天时，每天下加一圈，定为九十天，酱油的味道很足，名为"三伏秋油"。另外，在酱油坛中加入六七个草乌，每个切成四块，铺在坛底，坛子四边及中心有虫会马上死掉，且永远不会再生。如果数量加倍，效果更好。

苏州酱油

每缸黄一百三十斤、盐一百二十斤、水四百五十斤，晒六十日，抽油三百五十斤。少晒生花，多晒折耗，故以六十日为准。二油①每缸加盐一百斤、水四百斤，六十日，抽油三百斤。

【译】每一缸加一百三十斤黄、一百二十斤盐、四百五十斤水，晒制六十天，出酱油三百五十斤。晒的天数少会生花，晒的天数多会有损耗，故以六十天为准。制二油时，每一缸加一百斤盐、四百斤水，晒制六十日，可出酱油三百斤。

---

① 二油：指第二批出的酱油。

扬州酱油

每缸黄二百二十斤、盐一百五十斤、水五百五十斤，晒三个月，抽油三百五十斤。

【译】每一缸加两百二十斤黄、一百五十斤盐、五百五十斤水，晒制三个月，出酱油三百五十斤。

黄豆酱油

每豆三斗，晚间煮熟，停一时搅转再煮，盖，过夜。次早将熟豆连汁取出，放缸内，用面粉一担拌匀，于不通风处将芦草铺匀，楮叶厚盖，七日上黄，刷净，晒干。每黄一斤用盐一斤、入熟水七斤。浸透半月后，可用。

又，黄子十斤、盐三斤、水十斤，伏日下缸。

又，黄豆一担、面粉一担半、水十六担，用火日下缸。

又，先晒水，后晒盐，入黄子，日晒夜露，一月可成。

【译】将三斗豆，在晚间煮熟，停一个时辰搅转后再煮，加盖，过夜。第二天早上将熟豆连同汁一并取出，放入缸内，用一百斤面粉拌匀，在不通风的地方，铺匀在芦草上，用楮叶厚厚地遮盖，七天后上黄，刷净白毛，晒干。每一斤黄用一斤盐，加入七斤熟水。浸透半个月后，就可以用了。

另，十斤黄子、三斤盐、十斤水，在伏天下入缸内。

另，一担黄豆、一担半（一百五十斤）面粉、十六担水，在火日（丙丁日）下入缸内。

另，先晒水，后晒盐，下入黄子，白天晒夜晚被露水打，经过一个月就做成了。

蚕豆酱油

五月内，取蚕豆一斗煮熟，去壳，用面三斗、滚水六斗，晒七日，入盐十八斤，滤净，入黄，二十日可抽。如天阴，须二十余日才得抽净。二油加盐再晒。

又，蚕豆三斗煮糜，白面粉二十四斤，搅、晒成油。

※趁热拌匀作饼，草罨，七日上黄，刷净晒，晒松捶碎用。

【译】五月的时候，取一斗蚕豆煮熟，去壳，用三斗面、六斗开水，晒七天，加入十八斤盐，过滤净，下入黄子，二十天后可以抽油。如果遇到阴天，须二十多天才得抽净。二油需加入盐再晒。

另，将三斗蚕豆煮成糜，加入二十四斤白面粉，搅动、晒制，最终制成酱油。

※趁热将食材拌匀并做成饼，用稻草覆盖，七天后上黄，刷净后再晒，晒得松软后捶碎了用。

套油

酱油代水，加黄再晒。或二料并作一料，名"夹缸油"。油晒出，味自浓厚。

【译】酱油和水，加入黄子再晒。或者将两种料并在一起，称为"夹缸油"。油晒出后，味道很浓厚。

白酱油

豆多面少，其色即白。如用豆一担加至二担，面用一担只用五斗。

【译】豆的数量多面的数量少，酱油的颜色就白。如用一担豆增加到两担，则一担面改为只用五斗。

麦酱油

小麦二斗泡二日，蒸熟，取出晾冷。大黄豆一斗煮过夜，令极烂，冷透伴面十斤，罨七日，取出晒干。以冷水少许拌和黄子，加力揉。如用，下铺盐一碗，将黄铺匀盖定，再放盐一碗，以草围紧，勿令透风，七日取出，再晒二三日。每黄十斤，水下四十斤、盐七斤半，搅匀晒之，色黑味甜。第二落盐、水减半，晒至色浓为度（前后二油，煎一二滚入坛，晒之。又，每黄十斤，煎甘草汤一两入内，不出虫而味甜。炒饴糖熬汤下，色更浓）。

又，不拘黄豆、黑豆，俱拣净、煮烂、晾冷。每豆一斗，拌面十五斤，作小圆块，以苇箔摊贮，上加稻草盖好，周围必须透风。过七日取出，晒干，去黄衣。至七八月间，每黄十斤，水四十斤、白盐五六斤，晒月余，滤起再晒，过月余便可入坛。

【译】将两斗小麦泡两天，蒸熟，取出晾凉。将一斗大黄豆煮一夜，煮得非常烂，凉透后加入十斤面，遮盖七天，再取出晒干。用少许冷水拌和好黄子，用力揉。如果想早用，下面撒一碗盐，将黄铺匀并盖定，再在上面撒一碗盐，用稻草围紧，不要让黄透入风，七天后取出，再晒制两三天。每十斤黄，加入四十斤水、七斤半盐，搅匀后晒制，酱油颜色黑且味道甜。第二次（指做二油）用盐、水各减半，晒至颜色浓了为标准（前后二油，煮一两开后灌入坛中，晒制。另，每十斤黄，煮一两甘草汤加到里面，不会生虫而且味道甜。加入炒饴糖熬成的汤，酱油颜色更浓）。

另，不论用黄豆还是黑豆，都需拣干净、煮烂、晾凉。每一斗豆，拌入十五斤面，做成小圆块，用苇箔摊开贮存，上面用稻草盖好，周围必须透风。过七天后取出，晒干，去掉黄衣。一直到七八月的时候，将每十斤黄，加入四十斤水、五六斤的白盐，晒制一个多月，过滤后再晒，过一个多月后便可装入坛中。

花椒酱油

黄十斤、盐六斤、水四十斤，加鲜花椒四斤，共入坛，滚水灌满，泥封，晒半月即成（酱渣入水磨下，再加盐，可酱各种小菜。大约水十斤，盐一斤）。

【译】将十斤黄、六斤盐、四十斤水，加入四斤鲜花椒，一并装入坛中，用滚开的水灌满，用泥封闭坛口，晒制半个月就做好了（酱渣加水研磨一下，再加些盐，可酱腌各种小菜。大约用十斤水、一斤盐）。

麸皮酱油

麸皮二斗、腐渣十斤，二物拌匀，不宜太湿，湿则不鬓^①。蒸过取起，如合酱法，七日后晒干。每一斤，水十五斤、盐二斤半，清晨下，次日榨出。二次水减半、盐二斤，如前沼之二油，并晒，色黑味浓，再煮一二滚入坛（鬓过取出，再以水拌入坛封二七日更好）。

【译】取麸皮两斗、腐渣十斤，将两种料拌均匀，不宜太湿，太湿便会影响发酵的效果。蒸后取起，如同合酱法，七天后晒干。每一斤（麸皮、腐渣），加入十五斤水、两斤半盐，清晨下入，第二天榨出。第二次下的时候水减半、两斤盐，加入之前的二油，一并晒制，颜色黑味道浓，再煮一两开装入坛（颜色黑了就取出来，再加水搅拌后装入坛。封闭十四天更好）。

米酱油

白糯米一斗，泡七日，沥干淋尽，蒸熟取起，以滚水多遍泼之，放盆内，摊开稍冷，拌红曲米一斤入坛。次日用酱油四斤、炒盐八两、花椒粒二两，共入搅匀，面盖烧酒、香油各二斤，泥封两月后可用。炖热蘸诸物绝佳。其所泼滚水，一并入坛。

【译】将一斗白糯米浸泡七天，沥尽水分至干，上笼蒸

① 鬓：阴湿之色，霉黑色，需要麸皮和腐渣生霉发酵，如果麸皮和腐渣太湿，就达不到这一效果。

熟后取出来，用开水多泼几遍，放入盆里，摊开后晾稍凉，拌入一斤红曲米后装入坛中。第二天用四斤酱油、八两炒盐、二两花椒粒，一并下入后搅匀，再加入烧酒、香油各两斤，用泥封闭两月后就可以用了。炖煮后蘸多种食材口味特好。那个泼蒸糯米的开水，一并装入坛中。

小麦酱油

将小麦淘净，下锅煮熟，焖干取起，摊铺大笾[1]内日晒，不时用筷翻搅，半干将笾揭开，晚房上[2]用笾盖密。三日，如天气太热、麦气太旺，日间将笾抬入空间[3]，仍盖密。若天气不热，麦气不旺，则日间将笾开缝就好。倘天气虽热，而麦气不旺，即当盖密为是，切勿透风气。七日后取出晒干。若一斗出有加倍，即为尽发。将做就麦黄，以饭泔[4]漂洒，即带绿色。每斤配四两[5]、水十大碗。盐水先煎滚，澄清候冷，泡麦黄，日晒至干，再添滚水，至原泡分量为准，不时略搅，至赤色，将卤滤起下锅，加香蕈、大茴（整用）、芝麻（袋盛）同入，三四滚，加好老黄酒一小瓶，再滚，装罐听用。其渣酌量加盐煎水，如前法，再至赤色，下锅煎数滚收贮，以备煮物使料之用。

---

① 笾（biān）：一种盛物的竹器。

② 晚房上：晚置房上。

③ 空间：空房间。

④ 饭泔：淘米水。

⑤ 四两：应为"四两盐"。

又，麦黄与前同，但晒干时用手搓摩，扬簸去霉，磨成细曲。每黄十斤，配盐三斤、水十斤。盐同水煎滚，澄去浑脚，合黄面做一大块，揉得不硬不软，如饽饽式，装缸盖紧，令发。次日掀开，用一手掬水①，扬扬洒下，晒加一次，至用木棍搅得活转②就止。或遇雨，亦不致生蛆。

【译】将小麦淘洗干净，下锅煮熟，焖干后取出来，摊铺在大笾内在阳光下晒，经常用筷子翻搅，麦子半干后将笾揭开，晚上放置在房里用笾盖严实。三天后，如果天气太热、麦气太旺，白天将笾抬入空房间，仍然盖严实。如果天气不热、麦气不旺，那么白天将笾开个缝就可以。如果天气虽热，但麦气不旺，就应当将笾盖严实，一定不要透入风气。七天后将麦取出来晒干。如果一斗小麦增加了一倍，就是发酵很充分。将其做成麦黄，用淘米水漂洒，呈绿色。每斤麦黄需配四两盐、十大碗水。盐水先煮开，澄清后晾凉，浸泡麦黄，在阳光下晒至干，再添开水，以等于浸泡前的分量为准，时常稍稍搅动搅动，直到呈红色，将卤过滤后下锅，加香菇、大茴香（整个地用）、芝麻（用布袋盛好）一同入锅，煮三四开，加入一小瓶好的老黄酒，再煮开，装罐备用。剩下的渣滓适量加入盐再煮水，如同前面方法，再呈赤色，下入锅中煮开几

① 掬水：捧水的意思。

② 活转：指用木棍搅动得能顺着缸壁转。

次后收贮，以备煮其他食材的时候使用。

另，做麦黄的方法与前面相同，但晒干时要用手揉搓，用簸箕扬去霉质，再研磨成细曲。每十斤黄配三斤盐、十斤水。盐同水煮开，澄去杂质，与黄面做成一大块，揉得不硬不软，像饽饽一样，装入缸中盖严实，使其发酵。第二天掀开盖子，用一只手捧水慢慢地洒下，晒后再加一次水，直到能用木棍搅得活转就停止。假若遇到雨水，也不至于生蛆。

黑豆酱油

黑豆先煮极烂，捞起候略温，加白面粉拘①拌匀（每豆一斗，配面二斤或五斤）摊开半寸厚，用布盖密，或席草亦可，候发霉，至七日晒干。天气热，不过五六日；凉则六七日，总以多生黄衣为妙，然不可过烂。如遇天色晴明，用冷茶拌湿，再晒干（用冷茶拌者，欲其味甘，不拘几次，愈多愈妙），每黄豆一斤，配盐十四两、水四斤。盐和水煮滚，澄清去浑脚，晾冷，将豆黄入盐水泡，晒四十九日。要香，加香蕈、大茴、花椒、姜丝、芝麻各少许。捞出两次豆渣，加盐水再熬，酌量加水（每水十斤加盐二两）再捞出三次豆渣，加盐水再熬，去渣。然将一二次之水随便合作一处拌匀，或再晒几日，或用糠火煨滚，皆可。其豆渣微干，加香料即名香豉，可作家常小菜也。

---

① 拘：搅动。

【译】将黑豆先煮至非常烂，捞起等到略温，加入白面粉搅拌匀（每一斗黑豆配两斤或五斤面粉），摊开至半寸厚，用布盖严实，或者席草也可以，等其发酵，直到七后日晒干。如果天气热，不过五六天就晒干了；如果天气凉，就需要六七天，最终以黄衣生得越多为越好，但是不能太烂。如果遇到晴朗的好天气，用凉茶将黑豆、面粉拌湿，再晒干（用凉茶拌的，想让它的味道甘甜，不论次数，凉茶拌的次数越多越好）。每一斤黄豆配十四两盐、四斤水。将盐和水煮开，澄清去杂质，晾凉，将豆黄下入盐水中浸泡，晒制四十九天。如果想让它香，就加入少许香葟、大茴香、花椒、姜丝、芝麻。第二次捞出豆渣，加入盐水再煮，酌情加入水（每十斤水加二两盐），再第三次捞出豆渣，加入盐水再煮，煮后去除豆渣。然后将第一二次的水随便掺和一起拌匀，可以再晒几天，也可以用糠火煨开，都是可以的。豆渣微干后，加入香料称作香豉，可以用作家常小菜。

黄豆酱油

每拣净黄豆一斗，用水煮熟，须慢火煮，以豆色红为度，连豆汁盛起。每斗豆用白面二十四斤，连汁并豆拌匀，或用竹筐，或柳筐分盛，摊薄按实。将筐放无风处，上覆稻草，鬓七日，去草，日晚间收，次日又晒，至十四日。遇阴天，算数补之[1]，总以极干为度，此作酱黄之法也。

---

[1] 算数补之：指将发酵过程中的阴天的天数扣除，补齐十四天。

鬖好酱黄一斗，先用井水五斗，量准①倾缸内。每斗酱黄用生盐十五斤称足，将盐盛竹篮或竹筲箕②，溶化入缸，去其底渣。将酱黄加入，晒三日，至第四日早晨，用木扒③兜底掏转（晒热时不可动）又过二日，如法再掏转，如此者三四次，至二十日即成酱油。

至沥酱油之法，以竹丝编成圆筒，有周围而无有底口，名曰"酱篘④"。坐实缸底，篘中浑酱住，不挖出，见底乃已。篘上用砖压住，以防酱篘浮起。缸底流入浑酱，次早则篘中则俱属清酱，缓缓舀起，另注洁净缸内，仍放有日处再晒半月。缸口用纱或麻布包好，以免苍蝇投入。如欲多做，将豆、面、盐水照数加增。末篘时，其浮面豆渣捞出一半，晒干可作干豆豉用。

【译】每拣干净的一斗黄豆，用水煮熟，须慢火煮，煮至豆色红为合适，连豆汁一并盛出来。每一斗黄豆用二十四斤白面，连汁和黄豆一并拌匀，或者用竹筵、或者用柳筵分盛，摊薄按实。将筵放在不通风的地方，上面覆盖稻草，发酵七天，去掉稻草，到了傍晚收起来，第二天再晒，直到十四天。如果遇到有阴天的时候，将阴天的天数扣除并补齐十四天，最终以酱黄干透为标准，这就是做酱黄的方法。

---

① 量准：估计数量。

② 筲箕：淘米用的竹器。

③ 木扒：木耙。

④ 篘（chōu）：无底竹筐。

取发酵好的一斗酱黄，先用五斗井水，估量着倒入缸内。每斗酱黄用足称的十五斤生盐，将盐盛入竹篮或竹筲箕[①]，溶化后倒入缸中，去掉底部的渣滓。将酱黄加入，晒制三天，直到第四天的早晨，用木耙兜着缸底掏并转（天气热且正晒制的时候，不可以动）。又过两天，照此法再掏并转，如此这样做三四次，直到二十天后就做成酱油了。

过滤酱油的方法，用竹丝编成圆筒，有周围而没有筒底和筒口，名曰"酱篘"。将酱篘在缸底坐实，篘中的浑酱不要挖出，插到底就可以了。酱篘上用砖压住，以防止酱篘浮起来。缸底流入浑酱，第二天一早在酱篘中就全是清酱，慢慢舀起，另倒入干净的缸内，仍然放在阳光下再晒半个月。缸口用纱或麻布包好，以免苍蝇进入。如果想多做，就将豆、面、盐水按照前面的比例同比加量。最后篘的时候，浮在表面的豆渣捞出一半，晒干后可做干豆豉用。

又，将前酱黄整块（酱黄，即做甜酱所用者），先将饭汤候冷，逐块揾湿，晒干再揾，再晒，日四五度[②]。若日炎，可干六七次更妙，至色赤乃止。黄每斤配盐四两、水十大碗。盐水先煎滚澄清，候冷泡酱黄，晒干即添滚水，至原泡份量为准，不时略搅，但不可搅破酱黄块。晒至赤色，酱卤滤起下锅，加香蕈、大茴、花椒（整粒用）、芝麻（用袋

① 筲箕：淘米用的竹器。

② 度：次；回。

装）同入，三四滚，加好老黄酒一小瓶，再滚，装罐听用。其渣再酌量加盐煎水如前法，再晒至赤色，下锅再煮数滚，收贮以备煮物作料之用。

【译】另，将之前的整块酱黄（酱黄，就是做甜酱所用的），先将煮饭的汤晾凉，逐块浸湿，晒干再浸，再晒，每天四五回。如果阳光充足，可以晒干六七次最好，直到颜色红了为止。每斤酱黄配四两盐、十大碗水。盐水先煮开再澄清，晾凉后浸泡酱黄，晒干就加开水，加到与开始浸泡时的分量相等为准，经常略微地搅动搅动，但不要搅破酱黄块。晒至呈红色，把酱汁过滤后下锅，将香蕈、大茴香、花椒（整粒用）、芝麻（用布袋装）一并入锅，煮三四开后，加入一小瓶好的老黄酒，再煮开，装罐备用。剩下的渣滓再适量加盐煮水，煮水像前面的方法一样，再晒至呈红色，下锅再煮几开，收贮起来以备煮其他食材用。

千里酱油

拣厚大香蕈一斤，入酱油五斤，日晒日浸，干透收贮，行远作酱油用。

又，酱油内入陈大头菜，切碎装袋，浸之发鲜。或虾米金钩①亦可。胡椒亦发鲜。

又，棉花入伏油②，晒干，用时多寡随意。

---

① 虾米金钩：海虾米。

② 伏油：伏天制造的酱油，一般都是第一批做的，所以质量较好。

【译】挑选一斤厚且大的香菇，加入五斤酱油，每天晒每天浸泡，香菇干透后收贮，行远的时候作酱油用。

另，酱油内加入陈年的大头菜，切碎后装袋，浸泡后发鲜。或者用海虾米也可以。胡椒也发鲜。

另，用棉花加入伏油，晒干，用的时候多少随意。

醋

取其酸而香，陈者色红。米醋为上；糖醋次之；镇江醋色黑味鲜（醋不酸，用大麦炒焦，投入，包固，即将得味。又，米醋不入炒盐，不生白衣）。

【译】如果选味道酸且香的醋，时间长的红色的为好。米醋为首选；其次是糖醋；镇江醋色黑味鲜（如果醋不够酸，用大麦炒焦后放进去，封闭严实，随后就可以变酸。另，米醋如果不加炒盐，不会生白衣）。

神仙醋

五月初一日，取饭锅①捏成团，置筐内悬起，日投一个。至来年午日②，捶碎簸净，和水入坛，封口，七日成醋，色红而味酸。

又，老黄米一斗蒸饭，酒曲一斤四两，打碎，拌匀入瓮。一斗饭、二斗水，置静处勿动，一月即成。

又，粳米一斗，浸一宿，蒸饭，晾冷入坛。三日后，入河水三十斤，以柳条每日搅数次。七日后，不须搅，一月成醋。滤去渣，加花椒少许，煎滚收贮。

又，五月二十一日掬③米，每日淘④米一次，至七次，

① 饭锅：饭锅巴。

② 午日：端午日，即五月初五。

③ 掬：恐有误，疑为"淘"字之误。

④ 淘（jú）：恐有误，疑为"淘"字之误。

蒸熟，晾冷入瓮，青布扎口，置阴处，将瓮架起（不可着地）。至六月六日，取下加水，大约每饭一碗，加水二碗，纳瓮七日，日搅一次，至七日倾入煎滚。又加炒黑米半升于瓮底，复灌满入瓮，封固六十五日即成。

【译】在五月初一的这一天，将饭锅巴捏成小团，放在筐内挂起来，每天投一个。直到第二年的五月初五，将饭团捶碎后簸干净，加水倒入坛中，封闭坛口，七天后醋就做成了，醋的颜色红而且味道酸。

另，取一斗老黄米蒸成饭，加入一斤四两酒曲，将黄米饭打碎，拌匀后倒入坛中。比例是一斗饭加入两斗水，放在僻静的地方不要动，一个月后醋就做成了。

另，取一斗粳米，浸泡一夜，再蒸成饭，晾凉后倒入坛中。三天后，加入三十斤河水，每天用柳条搅动多次。七天后，不须再搅动，一个月后醋就做成了。滤去醋中的渣滓，加入少许花椒，煮开后收藏起来。

另，在五月二十一日这一天淘米，每天淘米一次，一直淘米到第七次，将米蒸熟，晾凉后倒入坛中，用青布捆住坛口，放在阴凉的地方，将坛子架起来（不要沾到地面）。直到六月初六这一天，取下坛子加入水，比例大约是一碗饭加入两碗水，倒入坛中放置七天。每天搅动一次，直到第七天倒入锅中煮开。再加入半升炒好的黑米放在坛子底部，将煮好的饭水倒入坛中并灌满，封闭好坛口放置六十五天后，醋就做成了。

佛醋

清明，糙籼^①一斗，水浸七日，加柳枝头七个，浸第八日，将米捞起装蒲包内（衬荷叶数片），悬风前人来人往之处，二七后解下，晒至四月初八日入坛。米一斗，用水三斗，再加耗水碗，置向太阳处（或灶门口）。每日用柳棍四十九次搅之，酸榨出，米渣澄清，入锅，每斗加盐半斤，椒、茴各少许，封口听用。

【译】清明的时候，取一斗糙籼米，用水浸泡七天，同时加入柳枝头七个，浸泡到第八天，将米捞起装入蒲包内（衬上几片荷叶），挂在通风且繁华的地方。十四天后将其解下，在阳光下一直晒到四月初八，取出装入坛中。比例是一斗米用三斗水，再补齐耗的水，放在朝阳的地方（或灶门口）。每天用柳棍搅动四十九次，醋就榨出来了，将米渣澄清，倒入锅中煮开，每斗醋加入半斤盐、少许花椒和茴香，将醋倒入坛中，封闭坛口备用。

糯米醋

六月六日，取小麦二升，磨碎不筛，汲新井水，和作饼，不宜过湿（荡^②湿，则心发青，蒸不坚实则易生虫）。

---

① 糙籼：糙指稻米脱壳而未舂时的状态。籼是一种早熟而无黏性的稻子。

② 荡：洗涤的意思。

皮纸包固，悬风透处阴干，听其自发。至八月社日^①，用糯米一斗淘湿，蒸饭，同面饼捣碎，拌匀入瓮，以蒸饭水四斗，冷定浇入。如不足，生水加上。纸瓮口^②，针刺数孔于纸上（此时用烫净器备用），一月满后，榨醋煮熟。另用早稻一升（春半壳半米）炒焦色，乘^③热投醋中，入净器封固窨^④之，则醋色黑、味酸。头醋煎藏，二、三、四次之醋，加麦滚水冷下。

【译】在六月初六的这一天，取两升小麦，磨碎后不要筛，加入新打上来的井水做成饼，不要太湿（太湿饼心就会发青，饼蒸得不坚实就容易生虫子）。将面饼用皮纸包好，悬挂在通风处阴干，任其发酵。到了秋社日，将一斗糯米淘洗干净，蒸成饭，再将面饼捣碎，拌匀后装入坛中，将四斗蒸饭水晾凉后浇入坛中。如水不够，就再加上生水。用纸封闭住坛口，再用针在纸上刺很多孔（此时取干净的器皿备用）。一个月后，将榨好的醋煮熟。另将一升早稻（春成半壳半米）炒至焦色，趁热投入醋中，一并倒入干净的器皿中，封严实，藏在地窖里。这样做成的醋颜色黑、味道酸。第一遍的醋煮开后藏，第二、三、四遍的醋，加入晾凉了的

① 八月社日：社日是古时春、秋两次祭祀土神的日子，一般在立春、立秋后第五个戊日。八月社日指秋社日。

② 纸瓮口：用纸封闭住坛口。

③ 乘：趁。

④ 窨（yìn）：地窖。这里指藏在地窖里。

煮麦的开水。

又，糯米五斗，舂五分熟，六月初一日入水浸之，至初六日滤干，蒸饭下坛。将饭捺实，每坛加滚水两大碗，夏布包口，七日倾大缸内，用冷井水五斗拌匀，分装七坛，早、晚顺搅二次，过十四日每早搅一次，澄清不必再搅。过五十日查看，如有白花，用红炭淬①，搅至无花而止。两月上榨，榨后即煎。锅要干燥，每一锅加盐卤半茶杯。如无卤盐，盐一撮，趁热入坛即泥封（其坛须先用热灰洗净，热醋一荡，始可用。即一切家伙②着生水，其醋即坏），排列檐下晒之。

【译】另，将五斗糯米舂成五分熟，在六月初一这一天加水浸泡，到了初六将其滤干净，蒸成饭后装入坛中。将饭按瓷实，每个坛中加入两大碗开水，用夏布包口，到了第七天倒入大缸内，用五斗冷井水拌匀，分别装入七个坛中，早、晚顺时针方向搅动两次，过十四天后就每天早上搅动一次，澄清后就不要再搅了。过五十天后查看一下，如发现有白花，就投入烧红的炭，搅动至没有白花就可以了。两个月后上榨，榨后煮开。锅一定要干燥，每一锅加入半茶杯盐卤。如果没有卤盐，就加入一撮盐，趁热装入坛中并用泥封闭坛口（坛子必须事先用热灰洗干净，再用热醋涮一下，才

---

① 淬（cuì）：把烧红了的铸件往水或油或其他液体里一浸立刻取出来，用以提高合金的硬度和强度。

② 家伙：指酿醋过程中所用的器具。

可以使用。如所用器具沾了生水，醋就会坏掉），排列在房檐下晒制即可。

大麦醋

大麦仁二斗，蒸一斗，炒一斗，晾冷，用曲半斤拌匀入瓮，滚水四十斤灌满，夏布盖面外，一日下晒，七日成醋。

【译】取两斗大麦仁，蒸一斗，炒一斗，晾凉，用半斤曲拌匀后装入坛中，用四十斤开水将坛子灌满，将夏布罩盖在坛盖上，放在阳光下晒制，七天后醋就做成了。

乌梅醋

（出路用，一名千里醋）乌梅去核一斤捶碎，酽醋①五斤，倾入乌梅浸一复时，晒干，再浸再晒，以醋收尽为度。研成细末，和之为丸，如芡实大收贮。用一二丸于汤中即成醋矣。

又，出路用。乌梅叶频浸频晒，用时入叶一片，即成醋味矣。

【译】（外出走远路时用，另一个名字叫"千里醋"）将一斤去了核的乌梅捶碎，五斤浓醋倾入乌梅中浸泡一天一夜，取出晒干，再浸泡再晒干，最终以醋全被吸干为止。再将乌梅研磨成细末，团成芡实一样大的丸后收藏起来。用的时候，取一两丸放在热水中就成醋了。

另，外出走远路时用。将乌梅叶频繁用浓醋浸泡再频繁

① 酽醋：浓醋。

晒干，用的时候，取一片叶子放在热水中就成醋了。

五辣醋

酱一匙，醋一钱，白糖一钱，花椒七粒，胡椒二粒，生姜一钱，大蒜二瓣。

又，姜、花、胡椒、桔皮丝、蒜，亦名五辣醋。

【译】一匙酱、一钱醋、一钱白糖、七粒花椒、两粒胡椒、一钱生姜、两瓣大蒜，调和成"五辣醋"。

另，醋里加入适量的姜、花椒、胡椒、橘皮丝、大蒜，称为"五辣醋"。

五香醋

甜酱、黄酒、桔皮、花椒、小茴。

又，花椒、小茴、莳萝、丁香、炒盐、酱为五香醋。

【译】醋里加入适量的甜酱、黄酒、橘皮、花椒、小茴香，调和成"五香醋"。

另，醋里加入适量的花椒、小茴香、莳萝、丁香、炒盐、酱，调和成"五香醋"。

白酒醋

三白酒用花椒四两、炒盐半斤，入坛内即成醋。

【译】将三白酒加入四两花椒、半斤炒盐，装入坛内即成醋。

绍兴酒做醋

馒头一个、乌梅二十四个，放坛内，半月即成。

又，凡酸酒，入热饭团如碗大，七日成醋。

【译】将一个馒头、二十四个乌梅放入坛内，半个月后醋就做成了。

另，凡是酸酒都可以加入像碗一样大的热饭团，七天后醋就做成了。

浓醋脚

以之擦锡器、铜器易亮。入烹疱易结底[1]。

【译】用浓醋脚擦拭锡器、铜器容易亮。将浓醋脚涂在烫起的疱上，易结疤。

二落醋糟

拌脂油[2]、盐可作饭菜。

【译】拌入猪大油、盐可以制作饭菜。

焦饭醋

饭后锅底铲起锅巴，投入白水坛，置近火暖热处，常用木棍搅之，七日便成醋矣。

又，凡酒酸不饮者，投以锅巴，依前法做醋（用绍兴酸酒更好）。

【译】将蒸饭后的锅底的锅巴铲起，投入到白水坛内，放置离火很近的暖和的地方，常常用木棍搅动，七天后就做成醋了。

---

① 入烹疱易结底：将浓醋脚涂在烫起的疱上，易结疤，这是因为浓醋具有杀菌力。

② 脂油：用猪板油熬成的优质猪油，俗称"大油"。

另，凡是不喝的酸了的酒，都可以投入锅巴，按照前面说的方法来做醋（用绍兴酸酒效果会更好）。

米醋

赤米（不用春）淘净，蒸饭，拌曲发香，用水或用酒泼皆可。其曲发时，愈久愈好。乃将酒渣筛筛添入（即熬酒之熬桶尾），俟月余可用。如霉用铁火钳烧红淬之，每日一二次，仍连坛取出晒之。

又，糙米一斗，浸过夜，取出蒸熟，晾冷装坛。三日酸透，入凉水三十斤，用柳条每日搅数次，七日后不必搅，过一月不动。俟其成醋，滤去糟粕，入花椒、黄柏少许，煎数滚，收坛听用。

【译】将赤米（不用春）淘洗干净，蒸饭，拌入酒曲散发出香气，用水或酒泼都可以。酒曲发酵的时间越长越好。要将酒渣筛出来再添进去（就是熬酒剩下的熬桶的底子），等到一个多月后就可以用了。如果发现生霉了，就用铁火钳烧红淬一下，每日一两次，连坛一并取出晒制。

另，取一斗糙米，浸泡过夜，取出后蒸熟，晾凉后装入坛中。三天后就可酸透，加入三十斤凉水，用柳条每天搅动多次，七天后就不必搅动了，经过一个月都不要动。等醋做成了，就滤去渣滓，加入少许花椒、黄柏，煮几开，收入坛中备用。

极酸醋

五月午时，用做就粽子七个，每个内夹白曲一块，外加生艾心七个、红曲粉一把，合为一处，装瓮，灌井水七八分满，瓮口以布塞得极紧，置背阴地方候三五日，早晚用木棍搅之。尝有酸味，再用黑糖四五圆打碎，和烧酒四五壶，隔汤炖，糖化取起，候冷，倾入醋内，早晚仍不时搅之，俟极酸可用。要用时，取起酸汁一罐，换烧酒一罐下去，再用不完，酸亦不退。

【译】在五月的午时，取七个做好的粽子，每个粽子内夹一块白曲，粽子外加入七个生艾心、一把红曲粉，再合为一体，装入坛中，灌入井水至七八分满，将坛口用布塞严实，放在阴凉的地方三五天，早、晚的时候用木棍搅一搅。尝到有了酸味后，再将四五块黑糖打碎，与四五壶烧酒，隔水炖制，黑糖溶化后就取出来，晾凉，倒入醋内，早、晚的时候用木棍搅一搅，等到醋非常酸就可以食用了。用的时候，如每取出一罐酸汁，就补进去一罐烧酒，这样再用不完，酸味也不会减退。

又，神仙醋

糙糯米或籼米，每米一斗五升，泡七日，扬起淋净，蒸饭，候冷，用饴糖六斤，与饭拌匀入坛，再加河水三斗，以清明，棍每日早晚搅之，晒日中，或透风高处。初起七日，须在阴地（原方：米一斗，糖七斤，一月即熟。清明前后做皆可）。

又，不拘何米，清明日起泡。至第八日，将米捞起，铺芦席上晾干，以蒲包收贮，藏至四月八日。每米一斗五升，加水三斗，入坛封好，放阴处，八月内可榨。

又，三伏时用仓米一斗淘净，蒸饭，摊冷，盦黄，晒，簸，投水淋净。别以仓米二斗蒸饭，和匀入瓮，以水淹满，密封贮暖处，二七日成。

【译】选用糙糯米或籼米，取一斗五升米，浸泡七天，捞出并淋干净，蒸制成饭，晾凉，用六斤饴糖与蒸好的饭拌匀后装入坛中，再加入三斗河水，在清明的时候做，每天早、晚的时候用木棍搅一搅，在阳光下晒制，或放在通风的高处。开始的七天里，须放在背阴的地方（原方：一斗米、七斤糖，一个月后就能做好。清明前、后做都可以）。

另，选用哪种米都可以，在清明这一天开始浸泡。泡至第八天，就将米捞出，铺好芦席，将米放在芦席上晾干。干后用蒲包好并收藏起来，收藏到四月初八。每一斗五升米，加三斗水，装坛封好，放在阴凉处，八月内就可以榨醋。

另，三伏的时候将一斗仓米淘洗干净，蒸成饭，摊开晾凉，覆盖后生出黄衣，晒制，簸过，放入水中淋干净。再用两斗仓米蒸成饭，一并调和均匀后装入坛中，加水灌满坛子，密封好放在暖和的地方收藏起来，十四天后醋就做好了。

又，糯米醋

秋社日，用糯米一斗淘净，浸一宿，蒸过。用六月六日做成小麦面和匀，加水二斗，入瓮封，酿三七日成（蒸后以水淋过）。

【译】在秋社日这一天，将一斗糯米淘洗干净，浸泡一夜，蒸成饭。用六月初六那天做好的小麦面调和均匀，加入两斗水，装入坛中密封好，酿二十一天醋就做成了（米蒸后要用水淋过）。

饧醋

米饧①每一斤，水三斤煎化，白曲末二两，瓶封，晒，收。

【译】每一斤米饧加入三斤水后煮化，再加入二两白曲末，倒入瓶中封闭严实，晒制后收藏起来。

粟米醋

陈粟米一斗淘净，浸七日，蒸过，淋净，俟冷入瓮封，日夕搅之，七日即成。

【译】将一斗陈粟米淘洗干净，浸泡七天，蒸成饭，用水淋过，晾凉后装入坛中密封，早、晚的时候搅一搅，七天后醋就做成了。

小麦醋

小麦水浸三日，蒸熟，盦黄入瓮，七七日成。

---

① 饧（xíng）：用麦芽或谷芽熬成的饴糖。

【译】小麦用水浸泡三天，蒸成饭，覆盖并生出黄衣后装入坛中，四十九天后醋就做成了。

大麦醋

大麦、小麦米各一斗，水浸，蒸熟，盦黄，晒干，淋过。再以麦米煮二斗和匀，加水封闭，三七日成。

【译】大麦、小麦米各取一斗，用水浸泡，蒸成饭，覆盖后生出黄衣，再晒干，用水淋过。再加入两斗麦米煮的粥调和均匀，加水后封闭严实，二十一天后醋就做成了。

糟

糟油

嘉兴^①、枫泾^②者佳，太仓州^③更佳。其澄下浓脚^④，涂熟鸡、鸭、猪、羊各肉，半日可用。以之作小菜，蘸各种食亦可用。法用花椒、酱油、酒、白酒娘，一年可用，愈陈愈佳。

又，酒娘脚十斤、酒曲八两、川椒二两，闭之数月，其浮者即为油。

又，罐蒙纱入糟坛中，从春过夏取出，在罐中者即为糟油。凡酒脚十斤，加酒曲二斤。

又，以竹作箅，置糟坛，为箅下者为油。亦须冬收，过夏者乃取。

又，三黄糟：三伏中，糯米一斗罨^⑤作黄子，以一斗用酒药造成白酒浆，以一斗炊作要饭，合此三者，拌匀入瓮，用泥封之，日晒至秋冬用。或和在酱内亦妙。

【译】糟油以嘉兴、枫泾的为好，太仓的糟油更好。

---

① 嘉兴：今浙江嘉兴。

② 枫泾：枫泾古镇隶属于上海金山，位于上海西南，与沪浙五区县交界，是上海通往西南各省的最重要的"西南门户"。

③ 太仓州：今江苏太仓。

④ 脚：指滤后的渣滓。

⑤ 罨（yǎn）：指捕鸟或捕鸟的网，这里的意思是掩盖、遮盖。

糟油澄清剩下的浓渣，可以涂抹在熟鸡、鸭、猪、羊等肉食上，半天就可以用。以它作为小菜，蘸各种吃食都可以。方法：用花椒、酱油、酒、白酒醅各适量，一年后就可以用了，时间越长越好。

另，将十斤酒醅渣、八两酒曲、二两川椒，装坛封闭几个月后，浮起来的就是糟油。

另，将口蒙上纱布的罐子放入糟坛中，从春天开始经过夏天后取出，在罐中的就是糟油。糟坛中每十斤酒醅渣加入两斤酒曲。

另，用竹子做好篾，放在糟坛中，在篾下面的就是糟油。也需要冬天的时候收集，经过夏天后乃再取出。

另，三黄糟：三伏的时候，将一斗糯米遮盖后生成黄衣，将一斗用酒药制成的白酒浆，将一斗糯米蒸成饭，将这三种材料一同拌匀装入坛中，用泥封闭坛口，在阳光下晒制到秋、冬的时候取用。或者调和在酱里更好。

陈糟油

榨新酒时，将酒脚淀清，少加盐，煎过，入坛泥封。伏日晒透，至冬开坛。取糟油浸鸡、鸭、鱼、肉，数日可用。

【译】榨新酒的时候，将沉淀的酒渣澄清，加入少许盐，煮过，装入坛中用泥封闭。在三伏天的时候将其晒透，到冬天的时候开坛。取出糟油可以用于浸泡鸡、鸭、鱼、肉等，几天后就可以取用了。

绍兴陈糟

上榨后，每一斤拌盐三两，装坛。坛底面放盐，泥封，置有太阳处，一年后用。有一种水味不香。或将糟磨碎，加滤汁或酒，加糟用布包，上下覆衬，糟物洁净而香。

【译】上榨以后，将每一斤糟拌入三两盐，装入坛中。在坛子的底面放上盐，用泥封闭，放在朝阳的地方，一年后就可以取用了。有一种水味道不香。也可以将糟磨碎，加入滤汁或酒，加糟的时候用布包裹好，上下覆盖衬好，糟油干净且味道香。

暑月①糟物

鸡、鸭、鱼、肉之类，带熟擦盐装罐。一层食物浇一层烧酒至满。湿腐皮包口，再加皮纸扎好，数日可用。

暑月开糟坛（酒坛同），装数小瓶贮用，其大坛口须盐卤春泥封好，若见生水，各物必坏。

【译】鸡、鸭、鱼、肉等肉类，制熟擦盐后装入罐中。在每一层食物浇上一层烧酒直到把罐子装满。用湿的豆腐皮将罐口包好，再用皮纸扎好罐口，几天后就可以取用了。

在夏天时开取糟坛（酒坛一样），将糟物装入多个小瓶中收贮，大坛口必须用盐卤春泥封好，如果沾上生水，糟物肯定会变坏。

---

① 暑月：夏天。约相当于农历六月前后小暑、大暑之时。

糟饼

白酒娘①滤去水，白面一斤、糯米粉一斗和匀，候酵发，作饼蒸。

【译】将白酒酵滤去水，用一斤白面、一斗糯米粉调和均匀，等发酵后，团成饼蒸熟。

白酒娘

白糯米一斗，夏日用冷水淘，浸过夜，次早捞起蒸熟。不要倾出，用冷水淋入甑②内，至微温为度，倾扁缸摊凉。用白酒药三粒，捣碎如粉，拌饭铺平。饭中开一锅穴，再用碎白药一粒，糁③匀窝穴周围，其缸用包袱盖好，三日其窝有酒，即成酒娘。如欲多做，照数加之。

冬日，用热水淘净，浸过夜，次日捞起蒸熟。不要倾出，用温水淋入甑内，不至泡手即止。倾扁缸内，不必摊冷，即用白酒药如前拌入，仍做一锅，仍加药粉一粒，包袱盖好，用稻草周围、上下装盖，不令其冷。如无稻草，棉遮盖亦可。凡春、秋之时，总以淋水酌量得法为要。

【译】取一斗白糯米，在夏天的时候用冷水将米淘洗干净，浸泡一夜，第二天一早将米捞出来蒸熟。蒸熟后不要倒出来，用冷水淋入甑内，直到米饭微温为止，全部倒入扁

---

① 白酒娘：见下条。

② 甑（zèng）：古代蒸饭的一种瓦器。底部有许多透蒸气的孔格，置于鬲（lì）上蒸煮，如同现代的蒸锅。

③ 糁（sǎn）：方言，米粒（指煮熟的）。

缸里摊开晾凉。用三粒白酒药，捣碎成粉末，拌入饭中并铺平。在米饭中做一个窝儿，再用一粒捣碎的白药，在米粒窝儿的周围撒匀，将扁缸用包袱盖好，三天后窝儿就会有酒，酒酵就做成了。如果想多做一些酒酵，按照前面同比增加原料的数量。

冬天的时候，用热水将白糯米淘洗干净，浸泡一夜，第二天一早将白糯米捞出来蒸熟。蒸熟后不要倒出来，用温水淋入甑内，水淋到不至于泡到手为止。全部倒入扁缸里，不必摊开晾凉，即将白酒药如前面一样拌入，仍然做一窝儿，仍然加一粒药粉，用包袱盖好缸口，再用稻草在缸的周围、上下盖严，不要让它受冷。如果没有稻草，就用棉被遮盖也可以。凡是在春、秋天的时候，最关键的是要考虑所淋水的量。

油论

菜油取其浓，麻油取其香，做菜须兼用之。麻油坛埋地窖数日，拔去油气始可用。

又，麻油熬尽水气即无烟，还冷可用。

又，小磨将芝麻炒焦磨油，故香。大车麻油则不及也。豆油、菜油入水煮过，名曰熟油，以之做菜，不损脾胃。能埋地窖过更妙。

【译】菜油取其浓，麻油取其香，做菜的时候要兼用。麻油坛要埋在地窖很多天，拔去油气以后才能使用。

另，麻油熬尽水气就不会有油烟了，晾凉后就可以使用了。

另，用小磨将芝麻炒焦后磨油，因此有香味。大车麻油比不上它。豆油、菜油入水中煮过，名曰"熟油"，用它来做菜，不会损伤脾胃。如果能在地窖中埋过更好。

熬椒姜油

老姜四五片，或用花椒一两，入麻油熬过收贮。临用，加酱油、醋、洋糖。凡暑调和诸菜，味香而肥。如菜宜拌油者，浇之绝妙。如白菜、豆芽、水芹，俱须焯过，冷汤漂净，抟①干再拌。

【译】取老姜四五片，或再用一两花椒，下入麻油中

---

① 抟（tuán）：把东西揉弄呈球形。

熬过后收藏起来。临用的时候，加入酱油、醋、洋糖就可以了。可以在夏天时候调和各种菜肴，味道香而且好吃。如果蔬菜适合拌油的，浇上此汁非常好。如果是拌白菜、豆芽、水芹等，全需要焯过水，再用冷水漂干净，抟干后再拌。

猪油

未熬时加盐略腌，去腥水。若熬久始用，入盐则臭。

【译】猪油在还没有熬的时候先加些盐稍微腌一下，去掉腥水。如果熬好了的猪油，开始取用时再加盐，猪油就会臭。

鲥鱼油

鲥鱼治净，入麻油炸，去鱼①兑入酱油。做各种菜，鲜美异常。河豚、蛼螯②、鯚鱼酱油同。

【译】将鲥鱼整治干净，下入麻油内炸制，鲥鱼捞出后兑入适量酱油，即是鲥鱼油。做各种菜肴，加入适量鲥鱼油菜鲜美异常。河豚、蛼螯、鯚鱼酱油的做法相同。

---

① 去鱼：指将鲥鱼捞出。

② 蛼（chē）螯（áo）：一种蛤，壳紫色，有斑点，可入药。

盐

凡盐入菜，须化水澄去浑脚①，既无盐块，亦无渣滓。一切作料先下，最后下盐方好。若下盐太早，物不能烂。盐能破坚，生食作泻②。浙盐苦，淮盐③味鲜。

【译】凡是盐要入菜，必须将盐化水后澄去杂质，使盐水既无盐块、也无渣滓。做菜时一切食材要先下，最后再下盐才好。若盐下得太早，食材不易烂。盐能够破坚，生食会导致腹泻。浙盐味道苦，淮盐味道鲜。

飞盐

以好盐入滚水泡化，澄去石灰、泥渣，下锅煮干，入馔不苦。

【译】将好盐下入开水中泡化，澄去石灰、泥渣后，再下锅煮干水分，这样的盐做菜不会苦。

盐饼

盐不拘多少，以水淘化，铺粗纸上筲箕④底，将盐水倾入，放净锅上，候水滴尽，煮干，入生芝麻少许和之，再捺

---

① 浑脚：指沉淀物、杂质。

② 作泻：腹泻。

③ 淮盐：一种盐，因淮河横贯江苏盐场而得名。有着"煮海之利，两淮为最""华东金库"等美誉。因"色白、粒大、干"的特点而闻名。

④ 筲（shāo）箕（jī）：淘米、洗菜等用的竹器，形状像簸箕。

实，箬包①，火煅②去汁，作饼。大小如意。

【译】盐不论数量多少，用水淘化，将粗纸铺在筲箕底，再将盐水倒入，放干净的锅上，等待水全部滴完了，将盐水煮干。加入少许生芝麻调和，再按瓷实，用箬竹叶子包起来，用火烧去掉汁水，做成饼状。盐饼的大小可随意。

① 箬（ruò）包：用箬竹叶子包起来。箬竹叶叶片很大，质薄，多用以衬垫茶叶篓或作防雨用品，亦可裹粽。为我国长江流域特产。
② 火煅（duàn）：放在火里烧。

姜

八月交新，能解诸毒、能调五味。姜亦姜霜^①，或切片或整块，烹庖^②诸品必须之物也。

欲去辣味，用炒盐拌揉，或滚水焯，不宜日晒，致多筋渣。加料浸后再晒，则不妨。又，用核桃二个，捶碎置瓮底则不辣。以半熟粟末糁^③瓮口，则无渣。以蝉蜕数枚置瓮底，虽老姜亦无筋。

【译】八月交新，姜能够解各种毒，也能够调五味。姜也可以做成姜粉，或者切片或者用整块，是烹制食材的必需之物。

如果想去掉姜的辣味，用炒盐拌揉姜，也可以用开水焯，不适合太阳晒，会导致姜筋多渣多。加调料浸泡后再晒，就不妨碍了。另，将两个核桃捶碎后，放在坛子底部姜就不辣了。用半熟的小米面糊封闭坛口，姜就不会有渣。将几个蝉蜕放在坛子底部，尽管是老姜也不会有筋。

五辣姜

花椒、小茴、莳萝、丁香、炒盐。

又，甜酱、黄酒、桔皮、花椒、茴香。

---

① 姜霜：见后条。

② 烹庖：烹制，烹煮。

③ 粟末糁（sǎn）：小米面糊羹。

【译】做五辣姜的调味料有：花椒、小茴、莳萝、丁香、炒盐。

另，做五辣姜的调味料有：甜酱、黄酒、橘皮、花椒、茴香。

五美姜

嫩姜一斤切片，白梅半斤打碎去核。入炒盐二两拌匀，晒三日，入甘松一钱、甘草五钱、芸香末二钱拌匀，又晒三日收用。

【译】将一斤嫩姜切片、半斤白梅打碎并去核，加入二两炒盐拌均匀，晒制三天，再加入一钱甘松、五钱甘草、两钱芸香末拌均匀，再晒制三天，收起来备用。

姜霜

老姜擦净，带湿磨碎，绢筛滤过，晒干成霜，长途多带，饮食中加之，有姜味无姜形，食蟹尤宜。

又，磨下之水，滤去渣即姜汁。

【译】将老姜擦干净，带着湿将其磨碎，用绢筛过滤，晒干成粉，走远路的时候多带一些，吃饭的时候拿出来调味，有姜的味道但是看不到姜，吃螃蟹的时候更适合。

另，将磨姜时剩下的水，过滤去渣后就是姜汁。

姜米

老姜去皮，切碎，如小米大，晾干用，亦以便长途之需也。

【译】将老姜去掉表皮，切碎，像小米一样大小，晾干后取用，也适合走远路时的需要。

伏姜

六月伏日，每生姜三斤（切丝），配紫苏三斤、青梅一斤，炒盐揉匀，趁三伏中晒干，收贮。凡受风寒，以姜丝、紫苏少许，泡粗六安茶①饮之，取汗②，即愈。

【译】在六月的伏天里，每三斤生姜（切成丝），搭配三斤紫苏、一斤青梅，用炒盐揉搓均匀，趁三伏天中将它们晒干，收藏起来。凡是有受风寒的人，用少许姜丝、紫苏，泡粗的六安茶喝，汗出来后，风寒就痊愈了。

红糖姜

先将黄梅五斤，盐腌七日，加取卤。另生水将黄梅浸投数日，取出梅子捏扁晒干，不扁再捏、再晒。又将牵牛（俗名喇叭，先去带③）浸入原卤内（花愈多愈红），晒干，收贮。俟鲜姜上市，取嫩姜十斤，用布擦净切，净矾腌一日，倾去卤，即将牵牛花、梅干同姜拌匀，晒二日，拣去牵牛花，用次色糖拌二次，去卤再拌洋糖，晒二日装瓶。一层姜一层梅干，洋糖封口，终年不变色。每姜片一斤，前后用糖一斤，愈白色愈红。糖卤梨丝并各种果品，甚美。

---

① 六安茶：安徽六安霍山茶。

② 取汗：出汗。

③ 去带：去蒂。摘取牵牛花的蔓蒂。

【译】先将五斤黄梅，用盐腌渍七天，取原卤备用。另取生水将黄梅浸泡几天，再取出梅子捏扁并晒干，如果梅子不扁就再捏、再晒。再将牵牛花（俗名"喇叭花"，先摘去牵牛花的蔓蒂）在备用的原卤内（花越多卤汁越红）浸泡，取出牵牛花晒干，收藏起来。等到鲜姜上市的时候，选取十斤嫩姜，用布擦干净并切成片，用干净的白矾腌渍一天，将腌出的汁水倒掉，随后将牵牛花、梅干与姜片拌均匀，晒制两天，拣出牵牛花，用普通的红糖搅拌两次，去掉卤汁再拌入白糖，晒制两天后装入瓶中。要一层姜一层梅干，用白糖封闭瓶口，常年不会变色。每一斤姜片，前后要用一斤糖，姜越白腌渍以后就越红。剩下的糖姜卤可以拌梨丝及其他各种果品，味道非常好。

糖姜丝

拌荸荠丝，加糖姜卤更美。

【译】拌荸荠丝，加入糖姜卤味道更好。

红盐姜

沸汤八升、盐三斤，打匀去泥渣。白梅半斤，捶碎入水浸，二水和合收贮。逐日投牵牛花（去蒂），俟水色深浓去花。取嫩姜十斤，勿见水，擦去外红衣切片。白盐五两、白矾五两、滚水五碗化开澄清。姜置日影边微晒二日，取出晾干，加盐少许拌匀，入前二水内，烈日晒干，上白盐凝燥装瓶。

【译】将八升开水、三斤盐，打匀并去泥渣。将半斤白梅捶碎后放入水中浸泡，将这两种水合并后收藏起来。每天在这两种水中投入牵牛花（要去掉蔓蒂），等水的颜色深浓后捞去牵牛花。取十斤嫩姜，不要沾水，擦去姜的外皮后切成片。将五两白盐、五两白矾用五碗开水化开并澄清。将姜片放在阳光阴影处微晒两天后，取出并晾干，加入少许盐拌匀，下入之前的两种水中，再用烈日晒干，加入白盐且凝结干燥后装瓶。

糟姜

勿伤皮，勿见生水，用干布擦净，晾半干。每姜一斤，陈糟一斤、盐五两，于社日前拌腌入瓮。

又，晴天收嫩姜，阴干四五日，勿见水，用布擦去皮。每姜一斤，用盐二两、陈糟三斤，拌匀封固。要色红，入牵牛花拌糟。

又，每嫩芽姜一斤，用糟一斤半、炒盐一两五钱，拌匀入瓶，仍洒炒盐封口。

又，秋社前嫩姜，用酒和糟、盐拌匀，入坛，上加黑糖一块，封七日可用。

【译】取姜不要伤及外皮，也不要沾水，用干布擦干净，将姜晾至半干。每一斤姜，加入一斤陈糟、五两盐，在社日前拌匀后腌制并装入坛中。

另，晴天的时候收取嫩姜，阴干四五天，不要沾水，用布擦去外皮。每一斤姜，加入二两盐、三斤陈糟，拌匀后封闭严实。如果需要姜的颜色红，就加入牵牛花去拌糟。

另，每一斤嫩芽姜，加入一斤半糟、一两五钱的炒盐，拌匀后装入瓶中，再撒上炒盐封闭瓶口。

另，选取秋社前的嫩姜，加入酒和糟、盐拌匀，装入坛中，上面再加一块黑糖，封闭七天后就可以用了。

酱姜

生姜取嫩者，微腌。先用粗酱①套②之，再用细酱③套之，凡三套而味始成。

又，半老姜不拘多少，刮去皮，切两片，用盐少许一腌捞起，沥干，入开水锅一焯，候冷投甜酱内，嫩而不辣。

又，刮去皮切开，腌一宿，取起沥干，买现成甜酱入盆，三五日可用。

【译】选取嫩的生姜，稍微腌一下。先用粗酱浸泡，再用细酱浸泡，要经过三次浸泡才能够入味。

另，选取半老的姜数量不限，刮去姜的外皮，切成两片，用少许盐稍微腌一下后就捞出，沥干水分，下入开水锅中焯一下，等姜凉后就投入甜酱内，姜嫩而不辣。

另，将姜刮去外皮并切开，腌制一夜，取出来沥干水

---

① 粗酱：疑酱稀一些。

② 套：疑为浸泡。

③ 细酱：疑酱稠一些。

分，姜与买来现成的甜酱一并装入盆中，三五天后就可以取用了。

酱姜芽

去辣味，拌炒盐，装袋入甜酱。

【译】如果将姜去除辣味，要拌入炒盐，装袋后并放入甜酱内。

醋姜

嫩姜炒盐腌一宿，取卤，同醋煎熬沸，候冷入炒糖，封口收贮。

【译】取嫩姜用炒盐腌一夜，取出卤汁，与醋一起煮开锅，晾凉后加入炒糖，装入瓶中封口并收藏起来。

蜜姜

嫩姜切小片，去辣味，蜜浸。

【译】（略）

冰姜

嫩姜切薄片，用熬过白盐腌。

【译】（略）

闽姜

嫩姜切条，去辣味，入熬热洋糖腌。

【译】（略）

鲜姜丝

鲜姜去皮，挤去汁，入糖再舂，拌桂花蕊。

【译】将鲜姜去掉外皮，挤去汁，加入糖后再捣，拌入桂花花蕊即可。

糖姜饼

嫩姜滚水焯去辣味，捣烂拌洋糖，印小饼。

【译】将嫩姜用开水焯去辣味，再捣烂后拌入洋糖，用模具做成小饼即可。

腌红甜姜

拣大块嫩生姜，擦去粗皮，切成一分厚片子，置瓷盆内，用研细白盐少许，或将盐打卤，澄去泥沙，下锅再煎成盐。用之腌一二时辰，即沥出盐水，约每斤加白腌梅干十余个，拌入姜内，隔一宿，俟梅干发涨、姜片柔软，捞起去酸咸水，仍入瓷盆。每斤可加洋糖五六两，染铺所用好红花汁半酒杯，拌匀，晒一日。至次日尝之，若有咸酸，水仍逼去，再加洋糖、红花一二次，总以味甜而色红为度，仍晒二三日入瓶。晒时，务将瓷盆口用纱蒙扎，以防蚂蚁、苍蝇投入。

【译】挑选大块的嫩生姜，擦去粗皮，切成一分厚的姜片，放入瓷盆内，加入少许研磨细的白盐，也可以将盐打卤，澄去泥沙，下锅再煎成盐。用盐腌制一两个时辰后沥出盐水，约每斤生姜加入十几个白腌梅干，拌入姜内，隔一夜，等梅干发涨、姜片柔软后，将姜捞出去掉酸咸水，仍放入瓷盆内。每斤姜可以加入五六两白糖，再加入半酒杯染铺所用的上好的红花汁，拌匀后晒制一天。到了第二天尝一尝，如果还有咸酸，要去掉水，再加入一两次白糖和红花汁，一定要让姜的味甜且颜色红就可以了，再继续晒两三天后装入瓶中。晒的时候，一定要将瓷盆口用纱蒙住并扎严实，防止蚂蚁、苍蝇进入。

蒜

青蒜八月起，次年三月止。蒜头四五月，蒜苗三四月止。

【译】青蒜从农历的八月开始直到第二年的三月为止都可以采收。大蒜头在四五月可以采收，采收蒜薹截止到三四月。

青蒜

嫩青蒜叶切段，每斤盐一两，腌一宿，去臭味，晾干，入滚水焯。又晾干，再拌甘草汤蒸。晒干装瓮，或拌酱、糖均可。

【译】将嫩青蒜叶切成段，每斤青蒜用一两盐，腌制一夜，去除蒜臭味，晾干后用开水焯一下。再将青蒜晾干，再拌入甘草汤蒸一下。将青蒜取出晒干，装入瓮中，拌入适量的酱、糖都可以。

蒜梅

青硬梅子二斤，大蒜头一斤，去净皮、衣。炒盐三两，量水煎汤，停冷。浸之五十日，其卤变色倾出，再煎，停冷入瓶，一七月①后用。梅无酸味矣，蒜亦无荤气②。

【译】将两斤青硬梅子、一斤大蒜头，去净皮、衣。将三两炒盐，用适量的水煮开，晾凉。用盐水将梅子、大蒜浸

---

① 一七月：似应为"一七日"，七天。

② 荤气：这里指蒜的辛辣味。旧时将蒜同葱、薤、韭、兴渠同列为"五荤"，也叫"五辛"。

泡五十天，浸泡后的卤汁变色后倒出，再煮开，晾凉后倒入装有梅子、大蒜的瓶中，七天后就可以用了。这时梅子已没有酸味、蒜也没有了辛辣味。

糖醋蒜

去外面老皮，水浸七日，一日一换水。取出晒干，滚水焯过，加炒盐腌透。每蒜一百，用醋一斤、红糖半斤，泥封收贮。乳蒜，小蒜也加糖、醋装瓶。出湾沚①者佳。

【译】去掉大蒜的外面老皮，用水浸泡七天，要一天一换水。七天后取出晒干，用开水焯过，加入炒盐将蒜腌透。每一百头蒜，加入一斤醋、半斤红糖，装瓶用泥封闭瓶口后收贮。如果是乳蒜、小蒜，就加适量的糖、醋后装瓶。产自湖湾小洲的蒜好。

腌大蒜

大蒜去梗、须并外面老皮，贮小缸，泡去辣味，一日一换水。约七八日取起，晾干，用炒盐腌，装坛过性②，夏月③取用。

【译】将大蒜去掉梗、须及外面的老皮，贮入小缸，泡去辣味，要一天一换水。大约七八天后捞出，晾干，用炒盐腌制，要装入坛中使蒜变味，到夏天的时候就可以取用了。

---

① 湾沚：湖湾小洲。

② 过性：使其变味的意思。

③ 夏月：夏天。

腌蒜苗

蒜苗切段腌入缸，榨八分干，入炒盐揉，装小瓶过性，六月间取用。

【译】将蒜薹切成段腌入缸中，蒜苗榨八分干后，加入炒盐揉搓，揉搓后装入小瓶使蒜变味，到了六月的时候就可以取用了。

蒜苗干

蒜苗切寸段，每一斤盐一两，腌去臭味，略晾干，或酱、或糖拌少许，蒸熟，晒干收藏。

【译】将蒜薹切成寸段，每一斤蒜苗加入一两盐，腌去蒜苗的臭味，略晾干，拌入少许酱或糖，上笼蒸熟，晒干后收藏。

做蒜苗

取蒜，用些少盐腌一宿，晾干，汤焯过，又晾干，以甘草汤拌过，上甑，晒干入瓮。

【译】选取蒜薹，用少许盐腌一夜，晾干，用开水焯过，再晾干，用甘草汤拌过，上甑蒸熟，晒干后装入瓮。

糖醋蒜苗白

蒜苗白盐腌，榨干，入醋装瓶。又，盐腌干，切段，或晒干，入甜酱，或糖醋煮。

【译】将蒜薹用白盐腌制，榨干水分，装瓶并加入醋。另，将蒜薹用盐腌并榨干水分，切成段，晒干后加入甜酱或糖醋煮。

腌蒜头

新腌蒜头，趁未甚干者，去干及根，用清水泡两三日，尝辛辣之味，去有七八就好。如未，即换清水再泡，洗净再泡，用盐加醋腌之。若用咸，每蒜一斤，用盐二两、醋三两，先腌二三日，添水至满封贮，可久存不坏。设需半咸半甜，于水中捞起时，先用薄盐腌一二日后，用糖醋煎滚，候冷灌之。若太淡加盐，不甜加糖可也。

【译】如想要腌蒜头，趁蒜头还未干透，去掉杆及根，用清水泡两三天，尝尝辛辣的味道，剩下七八分就可以了。如果辛辣味没有达到，就换清水再泡，再洗净再泡，用盐加醋腌制。如果想咸一些，每一斤蒜，就用二两盐、三两醋，先腌两三天，添入水至容器满后封闭贮，可以久存不坏。如果想让蒜头半咸半甜，蒜头在水中捞起时，先用薄盐腌一两天，将糖醋水煮开，晾凉后倒入蒜头里。如果味道太淡就再加盐，如果味道不够甜再加糖就可以了。

芫荽

又名香菜。

【译】（略）

酱芫荽

酱腌数日，入甜酱。蜜饯芫荽同。

【译】将芫荽用酱腌制多日，加入甜酱就可以了。蜜饯芫荽的做法相同。

腌芫荽

板桥萝卜皮剽小片，同腌作小菜（现用爽口，色味俱好，不耐久耳）。

【译】板桥萝卜皮切成小片，同香菜一并腌制成小菜（现做的腌芫荽爽口，颜色、味道都很好，但不适宜久放）。

炒芫荽

配豆腐、香蕈①、豆粉炒。

【译】将香菜配上豆腐、香菇、豆粉一并炒制。

---

① 香蕈：香菇。

椒

川产名"大红袍",最佳。

【译】四川产的名叫"大红袍"的最好。

花椒

或整用,或研用(焙脆研末,须筛过,或装袋同煮,方无粗屑)。

【译】可以用整粒的花椒,也可以将花椒研磨后用(将花椒烤脆后研磨成末,一定要用箩筛过,或者装入袋中一同煮过,才不会有粗屑)。

椒盐

皆炒研极细末(盐多椒少),合拌处蘸用。

【译】将花椒和盐都分别炒过并研磨成非常细的末(要盐多花椒少),合拌在一起,作为蘸料用。

胡椒

洋产者色白①,用法同花椒。胡椒入盐,并葱叶同研,辣而易细,味且佳。

【译】南洋进口的胡椒颜色白,用法与花椒相同。胡椒加入盐,与葱叶一同研磨,口味辣且容易磨碎,味道也好。

---

① 洋产者色白:胡椒,在我国广东、云南等地自古即有产,唯传统加工方法多为黑胡椒,即果实外皮不去除,干燥后附着于果上,成黑色;另有白胡椒,加工时先泡后去除果皮,干后即成白色。后者较前者味更纯而辣,明清之际,白椒内地产量较少,有时要从南洋诸岛等地进口,故有"洋产者"之说。

大椒

（一呼秦椒，一呼花番椒。草本，有圆、长二种，生者青，熟者红。西北能整食，或研末入酱油、甜酱内蘸用）大椒捣烂，和甜酱蒸之，可用虾米屑搀入，名"刺虎酱"。

【译】（一种说法叫秦椒，另一种说法叫花番椒。草本植物，有圆、长两种，生的颜色青，熟的颜色红。西北产的可以整个食用，或者研碎加入酱油、甜酱后蘸食）将大椒捣烂，和入甜酱后蒸制，可以搀入一些虾米碎，名叫"刺虎酱"。

拌椒末①

大椒皮丝拌萝卜丝。萝卜略腌，加麻油、酱油、浙醋。

【译】用大椒皮丝拌萝卜丝。萝卜要略腌一下，加入麻油、酱油、浙醋调味即可。

大椒酱

将大椒研烂，入甜酱、脂油②丁、笋丁，多加油炒。

【译】将大椒捣烂，加入甜酱、肥油丁、笋丁炒制，要多加些油炒。

大椒油

麻油，整大椒入麻油炸透，去椒存油，听用。

【译】取麻油，将整个的大椒下入麻油内炸透，去掉大

---

① 椒末：下文是"椒丝"。

② 脂油：这里指肥油、板油。

椒留油，备用。

拌椒叶

采嫩叶炸熟。换水浸洗，油、盐拌。以之拖面①，油炸甚香。

【译】采花椒嫩叶油炸至熟。将采来的嫩花椒叶换水浸泡后洗净，加入油、盐搅拌均匀。用来拖面，油炸后非常香。

---

① 拖面：将蔬菜加面调成糊，调好口味后炸制而成。

葱

酱黄芽葱

盐腌去辣味水，装袋入甜酱。

【译】用盐将黄芽葱腌去辣味水，装袋后并加入甜酱。

葱汤

用鸡汁调和，多加醋，能醒酒。

【译】将葱用鸡汁调和，多加些醋，能醒酒。

葱用整根

扎把放，馔^①好，将葱取出。或将葱捣汁，似有葱之味，而无葱之形。青蒜、芫荽、韭菜捣汁同。

【译】将葱扎成把放置，馔好，将葱取出。或将葱捣成汁，似有葱的味道，但没有葱的形状。青蒜、芫荽、韭菜捣汁的方法与此相同。

---

① 馔：本义是陈设或准备食物。

诸物鲜汁

提清老汁

先将鸡、鸭、鹅、肉、鱼汁入锅，用生虾捣烂作酱，和甜酱、酱油加入提之。视锅滚有沫起，尽行①撇去，下虾酱，三四次无一点浮油，捞去虾渣，淀清②。如无鲜虾，打入鸡蛋一二枚，煮滚，捞去沫亦可。

【译】先将鸡、鸭、鹅、肉、鱼汁入锅，用生虾捣烂做成酱，和入甜酱、酱油，就可以提清了。观察锅开并起沫，将沫全都撇去，下入虾酱，三四次后没有一点浮油了，便捞去虾渣，过滤并澄清。如没有鲜虾，打入一两个鸡蛋，煮开，捞去沫也可以。

老汁

麻油三斤、酱油三斤、陈酒二斤、茴香、桂皮同熬日久，加酱油、酒，不可加水。

又，猪大肠一副，洗净置地面片时③，覆以瓦盆，去脏味气。查汁④撇去油腻，加盐一斤、白酒二斤搅匀，入大桂

---

① 尽行：全部，全都。

② 淀清：过滤并澄清。

③ 片时：片刻，不多时。

④ 查汁：似应为"煮汁"。

皮、茴香各四两，丁香二十粒，花椒一两，装夏布^①袋，投汁内与鸡清^②同煮，如老汁略有臭味，加阿魏^③一二厘。

【译】将三斤麻油、三斤酱油、两斤陈酒、适量的茴香和桂皮一同熬制时间长一些，加些酱油、酒，不可以加水。

另，将一副猪大肠洗净后放在地面上片刻时间，盖上瓦盆，去掉脏气味。煮汁并撇去油腻，加入一斤盐、两斤白酒搅拌均匀，将四两大桂皮、四两茴香、二十粒丁香、一两花椒装入夏布袋中，投入煮大肠的汁内和鸡清汤一同煮制，如果老汁略有臭味，可以加入一二厘的阿魏。

卤锅老汁

丁香一钱、官桂捶碎一钱、大茴^④八分（去核）、砂仁八分（去衣）、花椒八分、小茴五分，用生纱袋或夏布将右药^⑤六分扎口入锅。又加煮过火腿汤四五碗，腌肉汤亦可，酱油一碗，香油一碗，黄酒一碗。将口袋投锅煎滚，撇去沫。忌煮牛、羊、鱼腥。

【译】取一钱丁香、一钱捶碎的官桂、八分去核的大茴、八分去皮的砂仁、八分花椒、五分小茴香，将前面所列

---

① 夏布：一种历史悠久的地方传统手工艺品。以苎麻为原料编织而成的麻布。 因麻布常用于夏季衣着，凉爽适人，又俗称夏布、夏物。

② 鸡清：似应为"鸡清汤"。

③ 阿魏：新疆一种独特的药材。多年生一次结果草本，阿魏分新疆阿魏和阜康阿魏两种，属伞形科，多年生草本植物。

④ 大茴：大茴香，又称八角茴香、八角。

⑤ 右药：因原抄本为竖排，故将前面所列各药称为"右药"。

各药的六分装入生纱袋或夏布袋并扎好口后准备入锅。锅中下入四五碗煮过火腿的汤，用腌肉汤也可以，再加入一碗酱油、一碗香油、一碗黄酒。将调料袋投入锅中煮开，撇去浮沫。不要煮牛、羊、鱼等腥物。

猪肉汁

入汤锅[①]，一沸取出，撇去浮油。再用生肉切丝，揉出血水，倾入汤内，即清。鸡蛋清亦可。猪肉皮汁同。

【译】将猪肉入汤锅，一开后取出猪肉，撇去浮油。再取生肉切成丝，揉出肉中血水，倒入汤内，猪肉汁即清。加鸡蛋清也可以。猪肉皮汁的做法与此相同。

诸物鲜汁

蹄汁稠，肉汁肥，鸡、鸭汁鲜，火腿汁香，干虾子汁更香。又，夏布袋加胡椒数粒熬。

鸡、鸭、鹅汁，虾米汁，火腿汁，火腿皮汁，鲜虾汁，青螺汁，干虾子汁（出扬州），蛏干汁，蝉螯汁，银鱼糊，鱼汁，河豚汁，鲚鱼汁，鲥鱼汁，笋汁，笋卤，菌汁（天花[②]），黄豆芽汁，绿豆芽汁，百合汁（蓬蒿），蚕豆芽汁，蘑菇汁，紫菜汁，香蕈汁，甜酱汁（凡取汁，加胡椒数粒更鲜），鳗鱼汁，备采诸汁，荤素听用。

※肥油鸡二只，猪前肘一只，去骨熬汤，捞去渣用。

---

① 入汤锅：将猪肉入汤锅。

② 天花：天花蕈，又名天花菜。

【译】蹄汁稠，肉汁肥，鸡、鸭汁鲜，火腿汁香，干虾子汁更香。另，要用夏布袋装入数粒胡椒熬制。

鸡、鸭、鹅汁，虾米汁，火腿汁，火腿皮汁，鲜虾汁，青螺汁，干虾子汁（出扬州），蛏干汁，蝉螯汁，银鱼糊，鱼汁，河豚汁，鲥鱼汁，鲥鱼汁，笋汁，笋卤，菌汁（天花菜），黄豆芽汁，绿豆芽汁，百合汁（蓬蒿），蚕豆芽汁，蘑菇汁，紫菜汁，香蕈汁，甜酱汁（凡是取汁，加入数粒胡椒，味道会更鲜），鳗鱼汁，备采各种汁，荤用、素用都可以。

※将两只肥油鸡、一只猪前肘去骨后熬汤，捞去渣后备用。

诸水和汁

凡煮粥取水，必须洁净者，收拾和诸菜。于打矾水①断不可用。如水入锅，应先酱油、盐、醋调和得味，后下各种食物，易于得味。

【译】凡是煮粥用的水，都必须要清洁干净，和入收拾干净的各种菜。没有溶有明矾的水一定不能用。如果水下锅后，要先下入调和好口味的酱油、盐、醋，再下入各种食物，容易使食物入味。

---

① 于打矾水：似应为"未打矾水"。没有溶有明矾的水。

调和作料

玫瑰、桂花、牡丹、梅花均可熬汁，且可作饼。姜汁、姜丝、姜米、姜霜（姜汁晒干）、花椒末、胡椒末熬汁用，味发鲜。大小茴香末、莳萝、桔皮丝、橙丝、桂皮、陈皮、紫苏、薄荷、红曲、丁香、砂仁、瓜仁、杏仁粉、辣椒酱、葱、蒜、麻油、蕈粉、虾粉、檀米、芝麻、芝麻酱、荸荠粉。

【译】（略）

五香丸

茴香二钱、丁香一钱、花椒二钱、生姜三钱、葱汁为丸。

【译】将两钱茴香、一钱丁香、两钱花椒、三钱生姜、葱汁调和均匀后做成丸。

熏料

柏枝、荔壳、松球、紫蔗皮晒干捣碎，放锅内，锅下烧火熏透，无烟煤气。

【译】将柏枝、荔壳、松球、紫蔗皮晒干后捣碎，放入锅内，锅下烧火将原料熏透，要没有烟煤气味才可以。

五香方

甜酱、黄酒、桔皮、花椒、茴香。

又方，花椒、小茴、莳萝、丁香、炒盐。

【译】做五香的方子：原料有甜酱、黄酒、橘皮、花椒、茴香。

另一个做五香的方子：原料有花椒、小茴、莳萝、丁香、炒盐。

五香醋

砂糖一斤，大蒜三囊，大者切三片，带根葱白七茎，生姜七片，麝香如豆大一粒。将各件置瓶底，次置洋糖面。先以花箬紧扎，次以油纸封。重阳煮周时①，经年②不坏。临用旋取③，少许入菜便香美。

【译】一斤砂糖，三袋大蒜，蒜个头大的切成三片，七根带根的葱白，七片生姜，一粒像黄豆一样大的麝香。将以上原料放在瓶底，再在上面放入白糖。先用箬叶扎紧，再用油纸密封。重阳时用醋煮一昼夜，一年都不会坏。临用的时候要慢慢取，取少许加入菜中味道便香美。

芥辣

每食当备，以其困者为之起倦④，闷者为之豁襟⑤，食中之爽味也。

【译】每次吃饭都要准备芥辣汁，困乏的人可以除去疲倦，郁闷的人可以心胸开阔，它是食物里面让人痛快的

---

① 周时：一昼夜。

② 经年：经过一年或若干年。

③ 旋取：逐渐取，慢慢取。

④ 起倦：除去疲倦。

⑤ 豁襟：心胸开阔。

好东西。

制芥辣

三年陈芥子碾碎入碗，入水调，厚纸封固少顷，用沸汤泡三五次，去黄水，覆冷地，俟有辣气，加淡醋冲开，滤去渣。入细辛二三分更辣。

又，芥子研碎，以醋一盏及水调和，滤去渣，置水缸冷处。用时加酱油、醋。

又，将滚之水调匀得宜，盖密，置灶上，略得温气，半日后或隔宿开用。

【译】将三年的陈芥子碾碎后装入碗中，入水调和，用厚纸封闭一会儿，再用开水泡三五次，去掉黄水，放在凉的地上，等到有辣气出现，加入淡醋冲开，滤去渣滓即可。加入两三分的细辛味道更辣。

另，将芥子研磨碎，用一盏醋和水来调和，滤去渣滓，放在水缸旁凉的地方。用时加入酱油、醋即可。

另，芥子粉用开水调匀，加盖密封，放在灶上，得到些温气，半日后或隔一夜后打开可以取用。

卷二

铺设戏席部

戏席铺摆　进馔款式

十六碟四小暖盘①（每人点心一盘，装二色。面茶一碗）。撤净，进清茶（每位置酱油、醋各一小碟，四色小菜一碟，调羹连各一件）。四中暖碗②（二色点盘，一汤），中四暖盘（二色点盘，一汤），四大暖碗（二色点盘，一汤），一大暖碗汤。清茶。

十六碟四热炒（二点一汤），四热炒（二点一汤），四大碗（四点一汤），四烧炸，两暖盘，两暖碗。

十六碟四热炒暖盘（二点一汤），四热炒暖盘（二点一汤）。撤净，进清茶。六中碗（四点一汤），两暖碗。

十六碟四暖盘（二色点盘，一汤），四中碗（二色点盘，一汤），四中碗（二色点盘，一汤），二暖碗汤。清茶。又十八碟八热炒（十簋③、四烧炸、二茶、二汤、二点）。

十六碟八碗一大盘烧炸，一碗汤（又烧炸四小盘，菜两大盘，两小盘），四碟六热炒五中碗（四小碟、四小碗、五中碗、四小碗、四中盘、四大碗）。

※夏日各种菜供客须温，并要小碗。

※中上八碗，晚间四小碗、四小盘，再烧炸二大盘。

---

① 暖盘：一种可以保温的餐具。盘下有容器盛热水，盘上有盖。

② 暖碗：同暖盘。碗下有容器盛热水，碗上有盖。

③ 簋（guǐ）：中国古代用于盛放煮熟饭食的器皿，也用作礼器，圆口，双耳。流行于商朝至东周，是中国青铜器时代标志性的青铜器具之一。

十六碟八热炒（每位前一小碟），点茶（每位前一碟两色）。四中碗，点茶（每位前一碟两色），一盘烧炸，四中碗又两中碗。

※十六碟八热炒（二点一汤），撤净。四大碗（二点一汤），八小碟烧炸（二点一汤），六大碗热炒，十二碗。

※十六碟双拼高装，四小碗，四小盘，五中碗，六点一茶，五中盘。

※十六碟高装，四中盘烧炸，四小碗，四小盘，五中碗，五中盘，六点一茶，四攒①，每盘三色。

十二碟四热炒，四小碗，两盘，两碗。

十二碟对拼，四热炒，四小烧炸，四点一汤，四大盘红烧炸、四大盘白片，四大碗海菜，二十四小碟，四大碗。

十二碟八热炒，四点一汤，七碗。

※十二碟四热炒，十小碗，一点一汤，五大碗，四十盘，一点一汤。

※十二碟另加时果四式，四大盘烧炸，又四小碗，两点两汤。

九盘五碗，四盘六碗，四小碗，一盘四中碗。

二小碗一小碟，二点一汤，一中碗一中盘，一中碗一中盘②。

---

① 攒：攒盘。

② 一中碗一中盘：疑重复。

十二热炒，四中碗，四中盘，四大盘，四点四汤。

四小盘烧炸，四中碗，四大碗，八中碗，两大盘，四点一汤。

十六小碟，八热炒，二点二汤，四小碗，两中碗，二中盘，一大攒盘，一三寸碟攒四小菜，一二寸碟醋，一二寸碟酱油，一搁调羹小碟，四大碗、四中碗、两大盘烧炸。六小碗四中盘中碗，八热炒，四大碗，四大盘，四小碗。十六碟四热炒，二点一汤。撤净，两次进清茶，八中碗，四点一汤，瓜子仁、花生仁每人各供二小碟。

十六碟四热炒，四点一汤，又四热炒，四点一汤。撤净，进清茶。又四中碗，两大盘烧炸，四点一汤，四暖碗，一野鸡火锅，八碟（四干四鲜），十二热炒。十六碟，八热炒（双上），四中碗。

※十六碟八盖盅，十碗，四小碗，四点，瓜子、瓜仁、花生肉每位两小碟。暖碗二中，抽穿心莲底肉入烧酒。围身布，漱口杯。

※席终，饭与粥兼用，粥内入小米更佳。

※十六碟四小碟，一道燕窝汤用盖碗。又四碟，一道芷菜①汤，亦四烧炸，一道鸡皮鸽蛋汤，亦用盖碗，四点心。

※十六碟两小盘两小碗，再上正菜。

※十六碟内用八冷荤，或用四羊杂，一羊肉火锅。

---

① 芷菜：紫菜。

※新式八碗，一大碗汤，四碟或十碗，不用点，或四大碗，四暖碗，四点八碟，十小碗，内以热炒四碗配之。

※十六碟四燕窝汤，席终又十六碟。

【译】（略）

碗盘间式^①

瓷盘有高足者，四碟（二干果三^②水果），两冷碟，六热炒，二大碗，一中碗。

烹调食物须用煤火，取其性硬而物易烂。

客初至，献茶。用芝麻茶或杏酪，或果茶（用核桃仁、松仁），或茶叶，茶内用榄橄半枚、花生米十余颗，或江西小桔饼，或南枣同元眼^③煮作茶。牛乳冲藕粉，入瓜子、核桃仁。

※新式：四干果，四水果，四荤点，一汤一菜，四粉点，一汤一菜，四面点，一汤一菜。

※夏日供客之菜，宜温和宜热，宜用干菜，少用汤菜。

【译】（略）

---

① 原抄本此处无标题，为注译者据原目录添加。

② 三：应为"二"。

③ 元眼：龙眼。

碗盘菜类①

闰七月有班子鱼、蟑螯。八月有面条鱼。

核桃仁衬燕窝，野鸡片衬燕窝把，鸡脯片衬燕窝，火腿肥丝衬燕窝，火腿烧珍珠菜，鲢鱼拖肚，蟹肉。

燕窝冬月宜汤，以鸡脯、鸡皮、火腿、笋四物配之，全要用纯鸡汤方有味。每中小碗须用一两二钱。夏月宜拌，将鸡脯切碎如米大，用油鸡汤略煮，捞起拌之，每中小碗须用二两以外三两以内。

※燕窝寸段装碗。

※鸽蛋衬燕窝第二层。

【译】闰七月的时候有班子鱼、蟑螯。八月的时候有面条鱼。

燕窝菜有：核桃仁衬燕窝、野鸡片衬燕窝把、鸡脯片衬燕窝、火腿肥丝衬燕窝、火腿烧珍珠菜、鲢鱼拖肚、蟹肉。

燕窝在冬天的时候适宜做汤，用鸡脯、鸡皮、火腿、笋四种食材来搭配，全要用纯鸡汤味道才好。每中小碗要用一两二钱燕窝。燕窝在夏天的时候适宜拌食，将鸡脯切碎像米粒一样大，用油鸡汤稍微煮一下，捞出与燕窝同拌，每中小碗要用二至三两的燕窝。

※燕窝要切成寸段装碗。

---

① 原抄本此处无标题，为注译者据原目录添加。

※鸽蛋衬在燕窝的第二层。

虾米烧蹄筋；鸡冠油①烧蹄筋；冬笋条烧蹄筋；脊筋烧蹄筋；麻雀脯烧蹄筋。

鹿筋烧松鼠鱼；煨鹿筋；烧鹿筋；鹿筋切豆大式，或烧或烩。

牛乳内加藕粉。

果子狸：用米泔水②泡净，加木瓜酒，瓷盆蒸。或夹以火腿片蒸，或鲜肉片。如裙折③肉色④亦可。

【译】蹄筋菜有：虾米烧蹄筋、鸡冠油烧蹄筋、冬笋条烧蹄筋、脊筋烧蹄筋、麻雀脯烧蹄筋。

鹿筋菜有：鹿筋烧松鼠鱼、煨鹿筋、烧鹿筋，鹿筋要切成豆大式，可以烧制也可以烩制。

牛奶中要加入藕粉。

果子狸的做法：用淘米水将果子狸肉浸泡后洗净，加入木瓜酒，用瓷盆蒸制。可以夹入火腿片蒸制，也可以夹入鲜肉片蒸制。将果子狸肉制成像裙褶的形状也可以。

火腿爪皮煨海参；蚕豆瓣炒火腿笋丁；火腿圆；火腿烩蛋白丁。

鹿筋煨海参；鱼肚煨海参；面条鱼去头尾煨海参；木耳

① 鸡冠油：附着在猪肺上的一层薄薄的油，因形似鸡冠，故称。

② 米泔水：淘米水。

③ 折：应为"褶"。

④ 色：疑为"式"。

烧海参（名"嘉兴海参"）；八宝海参衬三寸段猪髓；变蛋配海参。

芝麻酱拌海参丝（衬火腿、肚片）；班子鱼肚烧海参（烩亦可）；猪舌烧海参；猪脑木耳烧海参。

※海参汤衬火腿、笋片，烧海参丝，野鸭块烧海参，肥鸭块煨海参，海参丁配文师豆腐或班鱼①肝，拆碎野鸭煨海参，拌海参配杂菜，烧蹄去骨衬海参。

※海参粥：海参、米，多加豆粉。

【译】（略）

鱼翅拖蛋黄烩；鹿筋烧鱼翅；鸡冠油烧鱼翅；蟑螯煨鱼翅；核桃仁衬鱼翅。鱼翅须同配物煨得极烂方入味，每中碗用半斤，用酱油、酒。

蟹肉炒鱼翅加肥肉条；野鸭烧鱼翅；米果烧鱼翅；鱼翅脊切条烩加鸽蛋。

※冠油煨鱼翅：冠油另烧入味，再煨。

※拌鱼翅。

※鲍鱼先入冷水浸一夜，换热水又浸一夜。取出切象眼块，配肥肉亦切象眼块，煨一伏时可用。如切条配肥肉条共炒，更美。

【译】（略）

海参无论冬夏皆宜，以猪爪尖煨之，加五香作料，每中

---

① 班鱼：石斑鱼。

碗用三两余。莲肉瓜仁烧海参丁。

蟹肉烧海参；烧蝴蝶海参（衬火腿兼腰蹄筋）。

烩油炸鬼[1]。

※贡干[2]治净，抽去硬条，入水煨数时，逼去苦水[3]，换鸡汤再煨。

【译】（略）

柏叶饼

嫩柏叶，捣烂，挤去涩汁，和面作饼，或蒸或熯[4]。去皮榛肉麻油浸，再入麻油炸酥，拌洋糖用。

【译】将嫩柏叶捣烂，挤去涩汁，和面做成饼，或蒸或烤。选取去皮的榛肉用麻油浸泡，再入麻油内炸酥，拌入白糖就可食用了。

---

① 鬼：这里指油条。

② 贡干：又名壳菜，也就是淡菜干，不但肉味鲜美，而且营养价值很高。鲜食可先煮熟，去掉两边锁壳和毛，再加入萝卜、紫菜同煮，分外可口。

③ 逼去苦水：滗去苦水。

④ 熯（hàn）：烘烤。

鸡十款

酥鸡

预备横、直多挡竹架一付，寸许铜钩十余个，要上下作平钩，上可钩架，下可钩物。长阔照锅式为度，上不离锅，下不着油。再备麻油三斤，煎沸存用，此油不但酥鸡，即酥鱼、肉等物俱可。油多味好，而油亦不耗用。

肥母鸡一只，治净，割下活肉[①]，其余骨、肉入砂锅煨汁候用。将肉切成块，划作细路，不可伤皮，用小箩略筛豆粉于上，入笼略蒸。将竹架置锅上面，铜钩钩住鸡皮，其肉浸热油内酥之。熟时，以井水浸去油腻，酥过鸡肉改成小块，斜方任便。即以所煨鸡汁，捞净澄清，加荸丝、冬笋片、火腿片再煨，上席则汤清、皮嫩、肉酥，可称美品。酥野鸡、野鸭、家鸭同。

【译】准备一副横、直多挡的竹架，十几个一寸左右的铜钩，要上下做平钩，上可以钩竹架，下可以钩食材。长、宽按照锅的样式就可以，上不离锅，下沾不到油。再准备三斤麻油，熬开后留用，这油不但能酥鸡，酥鱼、酥肉等食材都可以。油多味道好，而油也不会消耗。

将一只肥母鸡整治干净，割下大腿肉和胸脯肉，其余的骨、肉下入砂锅煨汁备用。将鸡肉切成块，划出细条，不要

---

① 活肉：大腿肉和胸脯肉。

伤到鸡皮，用小箩筛少许豆粉在鸡肉上，上笼略蒸。将竹架放在锅上面，用铜钩钩住鸡皮，其肉浸入热油中炸酥。鸡肉炸熟后，用井水浸去油腻，将炸过的鸡肉改成小块，斜块、方块随意。随后将煨好的鸡汁，捞净澄清，加入蕈丝、冬笋片、火腿片再进行煨制，成品上席则汤清、皮嫩、肉酥，算得上美品。酥野鸡、野鸭、家鸭的方法与此相同。

荷叶包鸡

子鸡①治净，或嫩鸭、子鹅，肥肉均切骨牌②块，加以作料，咸淡得宜，或香蕈、火腿、鲜笋皆可拌入，用嫩腐皮包好，再加新鲜荷叶托紧，外用黄泥周围裹住，糠火③煨熟，以香气外达为度。临用取出泥叶，揭下腐皮，盛大瓷盘内供客，大有真味④（五六月最宜）。

【译】将童子鸡整治干净，或者用嫩鸭、子鹅。将肥肉均切成骨牌大小的块，加上作料，咸、淡口味合适，香蕈、火腿、鲜笋都可以拌入，用嫩豆腐皮包好，再加新鲜荷叶托紧，外面用黄泥将周围裹住，用砻糠火煨熟，冒出鸡的香气为止。临用时剥下黄泥、荷叶，揭下豆腐皮，将鸡盛入大瓷盘内供给客人品尝，味道非常醇正（五六月份最适宜做）。

---

① 子鸡：童子鸡。小而嫩的鸡。

② 骨牌：又称牙牌、牌九，是中国传统的娱乐及赌博工具之一。这里是指肉切成骨牌大小的块。

③ 糠火：砻糠火，稻壳烧成的火。

④ 真味：指味道醇正的食品。

鸡汁

老鸡炖汁，将汁再煮嫩鸡。

※鸡既取汁，其鸡或烧或焖。

烧鸡整煨；苏鸡整煨；蛋黄涂鸡皮；鸡脯片配莴苣。

【译】（略）

干炒鸡脯片

配火腿、冬笋、青菜心、鸡汁作汤。鸡、鸭末入罐之先，用淡盐里外略略涤①之，加酱油、甜酒，文火烤片时，少加水煨之。

※薄片烧鸡、鸭，只取其近皮一层，以其味在皮，而肉宜熟故也。

※纯酱油煮老母鸡，不加酒、水，煮烂滤去渣，将汁入招宝紫菜拌晒，或烘极干，携之行路，用时以滚水冲之。

【译】配料有火腿、冬笋、青菜心、鸡汁（做汤）。将鸡、鸭末入罐之前，先用淡盐水将罐的里外稍微洗一下，再加入酱油、甜酒，用文火烤不多时，再加少许水煨制。

※薄片烧鸡、鸭，只取一层挨着皮的肉，因其味道在皮上，而肉也是容易熟的。

※用纯酱油煮老母鸡，不要加酒、水，将鸡煮烂后滤去渣滓，将煮鸡汁加入招宝紫菜拌匀后晒制，或者烘至极干，远行时可以携带着，吃的时候用开水冲泡即可。

---

① 涤：洗。这里似有用盐水洗一下的意思。

牛乳煨鸡

火腿煨去骨鸡块，肥肉片扭入鸡脯片。

【译】用火腿煨制去骨的鸡块，再将肥肉片扭入鸡脯片。

烹鸡

生鸡切中片，油炸捞起，入豆粉烧。

【译】将生鸡切成中片，用油炸后捞出，加入豆粉烧制。

炒鸡

配诸葛菜①、新腌芥菜心。

【译】将鸡肉配上诸葛菜、新腌的芥菜心一同炒制。

石耳煨捶鸡

生鸡脯入米粉捶，配石耳，清汤煨。

【译】将生鸡脯加入米粉后捶，再配上石耳，用清汤煨制。

鸡元饼

配石耳、火腿丝卷。

【译】（略）

油炸鸡脯片

煎鸡饼；鸡皮烩天花②；火腿肥片配烩手撕鸡脯片。

【译】（略）

---

① 诸葛菜：别名蔓菁、圆菜头、圆根、盘菜，东北人称卜留克，新疆人称恰玛古，芸薹属芸薹种芜菁亚种，能形成肉质根的二年生草本植物。肥大肉质根供食用，肉质根柔嫩、致密，供炒食、煮食。

② 天花：指天花蕈，又称天花菜。

蛋类①

烩鸽蛋②

鸽蛋油炸透，加蒿菜或蕨菜烩。

【译】将鸽蛋用油炸透，加入蒿菜或蕨菜烩制。

炸鸽蛋③

鸽蛋油炸，配莴苣。

【译】（略）

酱烧鸽蛋

鸽蛋衬青菜心烩，茄圆配鸽蛋、珍珠菜。

【译】（略）

※蒿尖烧油炸鸽蛋。

※冰糖、鸽蛋作乳鲜，衬燕窝。

【译】（略）

油丝蛋

鸽蛋十个、脂油一斤，下锅加力多搅。蛋内可入作料各物，分黄、白兼摆，配芫荽。

【译】取十个鸽蛋、一斤大油，下锅用力搅打多次。蛋内可加入各种作料，将蛋黄、蛋白分别摆好，配上芫荽即可。

---

① 原抄本此处无标题，为注译者添加。

② 原抄本此处无标题，为注译者添加。

③ 原抄本此处无标题，为注译者添加。

芙蓉蛋

取蛋白打稠炖熟，用调羹舀作芙蓉瓣式，鸡汁烩。

【译】取蛋白打稠后炖熟，用调羹舀成芙蓉花瓣的形状，用鸡汁烩制。

※油炸鸡蛋烧白苋菜，配火腿丝。

※变蛋去壳切，以白酒、酱油、姜米。

※取鸡、鸭腹中软蛋，挑孔，漏入滚汤内，名"蛋线"。

【译】（略）

攒盘

白煮肥鸡、嫩鹅、糟笋、酥鲫鱼、晾干肉、熏蛋、糟鱼、火腿、鲜核桃仁（去皮），加冬笋、腌菜束之。其余如时鲜之黄瓜等类①，皆可搭配。

【译】（略）

烧东坡肉②

葵花肉圆③

---

① 其余如时鲜之黄瓜等类：其余的像黄瓜等应时而又新鲜的食材。

② 原抄本此处只有标题。

③ 原抄本此处只有标题。

鸭类①

松菌烩鸭块②

核桃仁煨鸭

用鸭去骨，先入油一炸，再加糯米、火腿丁（亦可加小菜）瓤在皮内煨之，用酱油、酒。

又，不用油炸，即以火腿、糯米瓤之。另外配鱼肚少许更妙。

【译】将鸭去骨，先入油锅中炸一下，再加入糯米、火腿丁（也可加小菜）都瓤在皮里面，煨制，要加适量酱油、酒。

另，鸭肉不用油炸，瓤入火腿、糯米。另外配上少许鱼肚更好。

鸭舌煨白果

配口蘑、火腿丝。

【译】（略）

冬瓜煨手撕烧鸭③

---

① 原抄本此处无标题，为注译者添加。

② 原抄本此处只有标题。

③ 原抄本此处只有标题。

鸡类①

鸡汤澄清法②

鸡肉汤用绿豆粉少许（如用矾，打水扑用劲一搅），自能澄清。

【译】鸡肉汤加少许绿豆粉（如用矾，打水时要用力搅一下），汤自能澄清。

白煮鸡、鸭法

白煮鸡、鸭肉等类，总须于煮熟后捞起、挂冷，将水沥干方好。否则皮不舒展，肉不中用（鸡、鸭捞起须倒挂之）。

【译】白煮鸡、鸭肉等食材，总要在食材煮熟后捞出、挂起并凉凉，沥干水分才好。否则鸡或鸭的皮不舒展，肉不适合吃（鸡、鸭捞起后要头朝下倒挂）。

莴苣干炒鸡脯条③

烧鸡杂④

---

① 原抄本此处无标题，为注译者添加。

② 原抄本此处无标题，为注译者添加。

③ 原抄本此处只有标题。

④ 原抄本此处只有标题。

天花煨鸡①

炒鸡球②

生炒子鸡

配菱米。

【译】（略）

※青笋尖烧去骨鸡块。又，排骨去骨穿火腿条。

【译】（略）

---

① 原抄本此处只有标题。

② 原抄本此处只有标题。

肠类①

烧梅花肠②

粉蒸肠③

煨大肠④

煨极烂大肠。

【译】（略）

烧肠

将大、小肠如法治，扎住两头，用清水，入花椒、大茴煮九分熟捞出，沥干。将肠切段，肝切片，再入吊酱汤老汁，慢火煮烂。入整葱五六根，捞出。将豆粉调稀，同熟脂油四五两倾入汁内，不住手搅匀，如厚糊即可用。

【译】将猪大肠或小肠按照常法整治干净，扎住肠两头，用清水，加入花椒、大茴香煮九分熟后捞出，沥干水分。将肠切成段，猪肝切成片，再下入吊好的酱汤老汁中，用慢火煮烂。要下入五六根整葱，煮好后捞出。将豆粉加水调稀，同四五两熟猪油一并倒入汤汁内，不断地搅动至匀，

① 原抄本此处无标题，为注译者添加。

② 原抄本此处只有标题。

③ 原抄本此处只有标题。

④ 原抄本此处无标题，为注译者添加。

像厚糊一样就可以用了。

烩蹄筋①

---

① 原抄本此处只有标题。

猪肉论

猪肉取大膘二刀①，腿筋，小膘用肋条心，更拣毛细、皮薄而白者佳。黄膘猪食之有毒。

猪肉以本乡出者为佳。平日所喂米饭，名曰"圈猪"，易烂而味又美。次之泰兴②猪，喂养豆饼，易烂而有味。又次江南猪，平日所喂豆饼并饭，煮之虽易烂，却无甚好味。不堪用者杨河猪，名曰"西猪"，出桃源县③糟坊。所喂酒糟，肉硬皮厚，无油而腥，煨之不烂，无味，其肠杂等有秽气，洗濯不能去。凡酒坊、罗磨坊养者皆如此。更不堪者湖猪，亦名"西猪"，出山东。平日所吃草根，至晚喂食一次，皮厚而腥，无膘，其大、小肠、肝、肺等多秽气，极力洗刮亦不能去。

铜山县④风猪天下驰名。时值三九，取三十斤重或四十余斤者宰之，不可经生水，截肋二块，腿四只，脊一与肚一并头、尾十一件。将肉用花椒、炒盐着皮擦透，亦有加入硝者，悬两头大风处。次年夏、秋时，用隔一年者入米泔浸

---

① 二刀：猪肉分档取料的名称。如头刀肉、二刀肉。

② 泰兴：地名。在江苏中部，长江北岸。所产生猪颇有名。

③ 桃源县：在湖南西北部、沅江下流。

④ 铜山县：在江苏西北部，邻接山东、安徽。

一日，若三年者浸三日，去净耗肉①。煮熟片用，胜淡腿②百倍。若早食之则无味，油耗时入草灰叠之。他处做风猪，用盐则味咸，只可淡风，然油耗太重。凡肉十斤，只取得三斤，味亦不及铜山远甚。

【译】猪肉取大膘猪的二刀肉，腿筋，小膘猪用肋条心，要挑毛细、皮薄而且颜色白的猪为最好。吃黄膘猪肉有毒。

猪肉以本地产的为最佳。平时都是喂食米饭，名叫"圈猪"，猪肉易烂且味道又好。其次是泰兴产的猪，这种猪是喂食豆饼，猪肉易烂且有味。再次是江南猪，平时都是喂食豆饼和饭，猪肉煮制虽然易烂，但没有好味。不能用的是杨河猪，名叫"西猪"，出产在桃源县的糟坊。这种猪是喂食酒糟，肉硬皮厚，无油而且腥气，煨制不烂，无味，肠杂下水等有臭气，洗后不能去味。凡酒坊、罗磨坊养的猪都是这样的。更不好的是湖猪，也叫"西猪"，出产在山东。这种猪平时吃的是草根，到晚上喂食一次，猪皮厚而且腥气，无膘，大、小肠、肝、肺等非常臭气，努力洗刮也去除不了。

铜山县的风猪天下驰名。到了三九天，取三十斤或四十余斤重的猪来屠宰，不要沾生水，截猪的肋二块、腿四只、脊、肚连同头、尾共十一件。将肉用花椒、炒盐揉

---

① 耗肉：耗有消耗之意，这里似指食材表面所消耗的肉。

② 淡腿：火腿的一种。

着皮擦透，也有加硝的，悬两端通风处。到第二年的夏、秋季节就可以用了。隔一年的肉要用淘米水浸泡一天，如果是三年的肉要浸泡三天，泡后去净耗肉。煮熟后切片用，胜过淡腿百倍。

如果提前使用就会无味，油耗时就堆上草灰。其他的地方做风猪，用盐味道就会咸，只可以用微风，否则油耗太大。一般十斤肉，只能取得三斤，味道也比铜山县的风猪差得很远。

全猪①

（共一百零样色）

瓢柿肉小圆：萝卜去皮挖空，或填蟹肉、蝉螯、冬笋、火腿、小块羊肉，装满线扎如柿子式，红烧，每盘可装十枚。

松果②肉：五花肉切酒杯大块，皮上深划作围棋档③，用葱、蒜、姜、椒汁、酱油、酒将肉泡透，再用原泡作料，入锅红烧至七八分成烂，提起出油。临吃时下麻油炸，其皮向外翻出，如松果式。

※扒肉烧甲鱼，样比肉④。

海参煨肉：以烂为度，煨蹄、肘更美。

① 原抄本此处无标题，为注译者据原目录添加。

② 松果：松塔。这道菜是象形菜。

③ 围棋档：围棋盘的格子。

④ 样比肉：何意不详。

冬笋煨糟肉块。

大斸肉圆：取肋条肉，去皮切细长条粗劗①，加豆粉、少许作料，用手松捺不可搓，或油炸，或蒸（衬用嫩青）。

千层肉（火腿尖）。

※徽式炒肉。

【译】瓢柿肉小圆的做法：萝卜去皮挖空，或填入些蟹肉、蝉螯、冬笋、火腿、小块的羊肉，将萝卜装满后用线扎成柿子的形状，放锅里红烧，每盘可装十枚。

松果肉的做法：将五花肉切成酒杯一样的大块，肉皮上用刀深划成围棋盘的格状，用葱、蒜、姜、花椒汁、酱油、酒将肉泡透，再将原泡肉的作料及肉入锅红烧至七八成熟，捞出控油。临吃的时后下入麻油锅中炸制，肉皮向外翻出，像松塔一样。

※扒肉烧甲鱼，样比肉。

海参煨肉：肉煨烂为止，煨蹄、肘更美。

冬笋煨糟肉块。

大劗肉圆：取肋条肉，去皮后切成细长条，粗粗斩碎，加入豆粉和少许作料，用手轻按不可以搓，可以油炸，也可以蒸制（衬用嫩的青菜）。

千层肉（火腿尖）。

※徽式炒肉。

---

① 粗劗（zuān）：粗粗斩碎。劗，江浙方言，作"斩"讲。

白果肉烧小肉块；冬菇煨肉；火腿块煨肉块。

猪骨髓矗^①通穿火腿条，或冬笋条。又，切五分条作衬菜。

猪管内入劗肉^②。

猪管内穿火腿条。又，切五分段烧。

火腿丝煨肚丝。

炸鱼肚块煨烧肉块。

※冰糖蜜饯，四熟果。

※烧猪舌片或丝；面拖猪头块。

金睛：即猪眼，又名龙眼。

天花：即猪脑盖并上腭。

糟宝盖。

脑乳：即猪脑。炸龙脑。

鼎鼻：即猪嘴。

雀舌：即猪舌。

糟龙舌。

前腮：即猪腮颊。

核桃肉：下腮肉炒。

双皮：即猪耳，或煮或烧。

嘴叉：即猪嘴夹子。

---

① 矗（chù）：通"直"。

② 入劗肉：加入斩碎的肉末。

虎皮肉：将肉劙碎摊平，油炸，或拌椒盐用。

杨梅肉：小肉圆油炸。

高丽肉：肉拖蛋黄、米粉油炸。

水晶肉：夹火腿。

盒皮肉：两面夹肉。

算珠肉：不用油炸，或蒸用。亦有用油炸。

喇嘛肉：取大块肉拖米粉油炸。

香袋肉：将肉劙碎，用腐皮裹，油炸，加红汤用盐蒸。

菊花肉：切片如菊花式，油炸。

金钱肉：切圆片浸酱油、酒，用铁扦串入火炙，食时取下装盘。

绣球肉：与肉圆同。

荔枝肉：切大块，肉背划纹。

瓤骨：肋骨带寸段，熟时去骨，或冬笋片或茭白片穿入。

蹄掌：猪脚尖。盐水煮猪腿弯。

玉桂：蹄筋糟肋筋。

玉带：脊髓。炒脊髓、炸脊髓。

血糊涂：猪血搂散，和鲜汁作汤，加瓜子仁。

肝花：卤煮酥肝；芥末拌生肝；栗肉烧肝；冠油煨肝。

腰胰。

梅花肠：灌血蒸热，作条。

核桃肠：肠切寸段，油炸，以绉为度。

锅烧肥肠：切片。

硬尾：肠灌肉或蛋。

红血肠：灌血。

白血肠：灌蛋清。

鹿尾：小肠灌肉片用。

拐肠：切段油炸。

绣球肠：大^①灌肉扎段。

※卤煮大肠：凡汤肚有秽气者，先用油炸透，或烧或焖，即无秽气。

※油肚：将肚不去油洗净，白水煮，蘸甜酱油用。取肚外层切四分宽、一寸长炒。

※薄片白肚。

【译】（略）

喉管：烧、煨皆可，或划开用，或糟用。

爆肚。

油噜噜：脂油煮熟，再入油炸。

金钱鞭：猪尾切圆片。

血皮：串油上肉。

金条肉：肉切条，拖蛋黄、米粉。

红炖。

鸡冠油：核桃仁烧冠油；冬笋烧冠油，笋切菱作角块。

---

① 大：疑脱"肠"。

三煨肉：只在猪身上下，不拘何肉，攒一碗。

锅烧紫盖。

白炖。

平肋：烧大块，切条。

琵琶肉。

杂煨：肝、肠、肚、肺切丝。

银丝肚：拌嘛喇肚丝。

紫肺：不用水灌白者。

※甜梨块去皮、核，同火腿汁煨撕肺。肉用硝擦，加盐易入。

【译】（略）

蒸汤肉。

罗贴肉：贴在肚上者。

炒响骨。

罗圈肉：项圈白煮，片用。

脆皮。

蝴蝶肉：即肩上大片骨连肉者。

哈儿巴：白煮猪臂。又，干烧哈儿巴。

猴儿头。

梳罗：脊骨。

胸叉：胸叉上肉。

乌叉：腿膀肉。

腿杖：整膀可分红、白。

里肉：脊上大里肉。

卤煮五香瓜儿肉：即小块精肉。

脂油皮卷鸡丁（或虾仁丁）烧，少加醋。

烧炸肉：分精、肥、皮、肠四项（装盘）。

烀①肉：洗净锅，少着水，柴头罨②烟焰不起，待他自熟莫催他，火候足时他自美。

茶油浸淡腌肉并鱼鸭。

肉用茄子或南瓜、冬瓜皆可瓤。

松菌煨猪蹄。

烧哈儿巴。

火腿蹄尖皮配鲜蹄尖皮煨。

甜酱肘：冬月取小猪蹄数个，约三斤，晾干，炒熟盐拌花椒末，擦透周身，厚涂甜酱，叠压缸中半月，带酱挂檐前透风处，俟干整煮。

松鲞块配腌肉片。

猪管切一寸长，腰中二缝，穿出虾仁。

炸脊筋。

烧猪舌片。

烧炙诸物，靠火时，须不时转动，其肉松而不韧。

---

① 烀（hū）：一种烹饪方法。把食物放在锅里，加少量的水，盖紧锅盖，加热使变熟。

② 罨（yǎn）：覆盖。

猪肉、鸡、虾放三层肉圆。

【译】（略）

火腿

熟切火腿配烧野鸭脯。

火腿精片贴肥肉片烩（炒野鸭片或丝）。

火腿烩蓬蒿嫩尖。

菜心烩火腿。

变蛋配火腿。

煨火腿爪尖皮。

※火腿汁烧扁豆、豇豆、丝瓜、茄子。火腿汁煨冬瓜、瓠瓜子。火腿陈一年者佳。

火腿爪尖皮，加豆粉烧，火腿丝、笋丝作汤。

猪管内穿火腿条。

去皮萝卜块煨火腿。

炖火腿：煨透切五分厚块。

炒蜇皮细丝，加火腿丝。

火腿煨楚鱼或松鲞①。

※交夏时，火腿入灰缸或灰池中，间层叠好，用时取出，用未了者仍复入灰。其灰三月一换，水不生虫、不油耗，最妙法也。

【译】（略）

_____

① 楚鱼或松鲞：见本卷"鱼虾"条注释。

各色菜类①

鸡、鸭②

脂油薄衣卷鸡脯或虾脯煎。

肥火腿片煨风鸡片（去骨），或用糟冬笋块、糟冠油块，均宜。

嫩鸡切细丝炒熟，卷薄饼或春饼。鸡丝内少加冬笋丝更好。

肥鸡去骨，切长小块，入脂油、木耳爆炒，少入红酱。

烧鸡皮，上临用洒酒浆、饭粒少许。烧鹅、鸭同。

烧鸡皮：去骨切块再烩。烧鸭同。

烧荔枝鸡；油炸麻雀；炒麻雀脯；炒野鸡片；盐水煨鸡。

挂炉野鸭，去骨片用。

取鸡翅第二节去骨，入火腿汁煨。

冬笋火腿煨鸡脯；石耳烧鸡脯；鸡丁煨胡桃仁；冬笋煨野鸭块；蒜烧水鸡腿；烩水鸡腿；鸡皮衬鱼翅净肉块（用肥鸭皮更美）；莴苣炒樱桃鸡块；鸡肾作衬；或去衣入鲜汁烩（少加松仁）；剔骨鸡块配栗肉红烧；去骨小鸡块；金钱小蒲子片；炒鸡豆加酱瓜、火腿丁；拆骨鸡块。

---

① 原抄本此处无标题，为注译者据原目录添加。

② 原抄本此处无标题，为注译者添加。

芡实用鸡丁或火腿丁烩，芡实须拣一色大者。

※雏鸡、老鸭肉一斤四两，入瓦钵，加酱油一大碗、酒一大碗，盖好入锅，神仙炖法。

※烧鸡、鸭肉并用花椒、甜酱、酒、盐频频拭之。

※烧鸡豆，或拖面椒。烧猪肺、猪管同。

※鸡要油面肥者，不拘如何做法俱可，盖其味本鲜也。鸡圆内须加松仁。鸡粥。

※核桃仁去皮，煨去骨板鸭块大块。鸭羹。八宝鸭配珍珠菜。烧鸭舌；烧鸭掌；鸭舌烩鸽蛋。假鸽蛋用山鸡小蛋充之。

※杂果烧苏鸭；冬笋片炒野鸭片；冬笋块煨野鸭块。

※糟肥鸭大块去骨煨烂，配肥炸鱼肚段，加火腿、冬笋片。

※口蘑煨去骨肥鸭块。鹅作鸭用。

※瓶儿菜炒鸡脯片，用香椿、香干更美。

【译】（略）

猪①

熏猪头。

徽药②煨肉；莴苣煨肉；蒜苗炒精肉丝；梨片煨肺；松鲞煨肺；烧肉，洒研碎熟芝麻更香；鲜肉块入火腿汁煨；王

---

① 原抄本此处无标题，为注译者添加。

② 徽药：徽州山药。

氏煨肉；盐水煨肚肺；手撕卤煮肝，驴肝作猪肝用。

猪腰去净臊筋，面划纵横深纹，切条炒（蛋白炒荔枝腰）。

猪脑切块作衬菜，或油炸，或滚以豆粉入油炸，烩（用羊脑同）。

烧猪尾：尾切寸段，去骨，或烧或烩。

网油包裹肉片，仍切碎，用豇豆、酱油、酒、烧鸡冠油。蒜烧鸡冠油。

※假鸡肾：用猪脑，去衣捣烂，腐皮卷作鸡肾式，挤入半滚水中捞出。

※燕窝鸡：白片如燕翅式。蝴蝶鸡：薄片烧鸡。

※驴腰作猪腰用。

※猪脑捣烂，搂入生豆腐，加松仁、火腿丁、鲜汁干烩。

※猪腰去臊撕块，配栗肉烧。

【译】（略）

羊①

羊宰后去内脏，用烧红石子填满羊腹，羊熟而无火烧气。

羊有种名"画眉头"（黑头）饽饽口，蒲扇尾。小时②

---

① 原抄本此处无标题，为注译者添加。

② 小时：羊小的时候。

即骟①，名"羯羊"，其肉肥嫩不膻而味美。

有一种最不堪者，不曾阉割，名"臊羯羊"，柳叶尾，其肉不肥，膻臭不可食。又有一种名"种羊"，即母羊，皮壳枵薄②无油。又有一种"水羊"，即种羊，未交③不生小羊者，皮嫩而肥。

喂羊用豆秸，每日拌芝麻油一茶杯，十日即发膘。

羊头染色，名"假画眉头"，进上之物。用五倍子、皂矾④、桐油日逐染之，即不脱。

去皮荸荠烧羊肉；红萝卜削荸荠式煨羊肉（白萝卜同）。

羊肉整块红烧再⑤。

※烧高丽羊肉；羊尾拖米粉油炸；栗子烧羊脯；烧羊蹄；烧羊舌；挂炉羊肉；烧羊脯；烧羊头。

【译】（略）

鱼、虾⑥

煮鱼：鲜鲫鱼或鲜鲤治净，冷水煮，入盐如常法，以松叶心芼⑦之，仍入浑⑧葱白数茎，不得搅。俟半熟，入生姜、

---

① 骟：割掉羊的睾丸。

② 枵（xiāo）薄：本义为中心空虚的树根。这里形容羊瘦。

③ 未交：未曾交配者。

④ 皂矾：绿矾、青矾。煅红者名绛矾或矾红。气味酸、凉、有毒。

⑤ 原文如此。

⑥ 原抄本此处无标题，为注译者添加。

⑦ 芼（mào）：本指可供食用的野菜或水草。这里似指用开水焯一下。

⑧ 浑：整个。

萝卜汁，入酒各少许，三物相等调匀冷下^①，临熟入桔皮
钱，乃食之。鲫鱼生流水^②中则鳞白，生止水^③中则鳞黑而味
恶。煮鱼煮透即起，肉嫩而松，不用锅盖，一用锅盖，鱼肉
即老。

※鲫鱼每位前一碗，作汤稠汁，三四月间用。

※鲫鱼等类作汤，将鲜鱼捞出另用，其汤加笋、鲜豆
腐烩。

※鲫鱼肚穿虾圆。

※烧黄鱼丁；鲫鱼脑。

※鲜鱼子饼：用铜圈将鱼子填实，油煎。

※烧烩鱼头，并可作羹。

【译】（略）

腌芥菜切细丝，煮黄鱼。

面条鱼去头，拖米粉、蛋黄炸。

鲜汁燀^④乌鱼片，配火腿、笋片。

烧胖鱼头上皮：衬鸡皮、石耳，或取腮肉同。又，烩胖
鱼肚。

鸡汁焖白鱼片；炸鱼肚；鸡肉灌鱼肚；松蛋三分，煨白
鱼块七分。

---

① 冷下：似指生姜、萝卜汁、酒要冷下锅。

② 流水：活水。流动的水。

③ 止水：死水；滞止不流的水。

④ 燀（chǎn）：烧；炊。

白鱼肚皮切片，摊上米粉，将鱼敲薄作馄饨皮式，卷火腿仁、松仁。

花蓝季鱼；鲤鱼白①；班鱼块；烧鱼肚皮。

乌鱼片捶薄，作春饼式，卷珍珠果。

炒鳝鱼丝（寸段鳝鱼鏖②）。

西洋面鱼：用面粉擀薄，如小酒盅口大，捻作小鱼式，内嵌豆渣饼一条，滚熟捞起，沥干，加笋、火腿、香蕈烩，或烧。

青菜烧蟹肉；蟹酥（出清江浦③）；熟团脐④蟹取黄炒蒸；醉蟹。

稠卤面：其卤用顶好蘑菇熬汁。

蟹肉炒索面⑤：索粉配蝉螯、火腿。三元汤衬火腿、鸡皮。

虾仁汤：将带壳虾滚透，去沫，捞出虾剥肉，和加脂油再滚，临起入腐皮。

干虾子：出扬州，有以鱼子伪充者。然虾子细而鱼子粗，人以此辨之。

---

① 鲤鱼白：鲤鱼肚皮下的白肉。

② 鏖（áo）：将食物加热的器皿。

③ 清江浦：在江苏北部、大运河沿岸。原淮阴县，自古为淮、扬、徐、海间的重镇。

④ 团脐：螃蟹腹下面中间的一块甲是圆形的，是雌蟹的特征（区别于"尖脐"）。

⑤ 索面：一种用手工拉成晾干的素面，称"坠面"，俗称为"长寿面"。鲜软可口。索面又细又匀、颜色白净。另外口感也非常好，是一般面条不可比美的。

※瓢虾圆；虾肉切两段加冬笋丁炒；虾米经日晒，咸而不鲜。

【译】（略）

海鱼味咸，焯食无味。

虾卤浸寸段芹菜。

松鲞①隔一年者味始香。

荷包鱼：大鲫鱼或鲤鱼，去鳞，将骨挖去，填冬笋、火腿、鸡丝或蝉螯、蟹肉，每盘二尾，用线扎好，油炸，再入作料红烧。

入糟坛②，再烩配虾圆、鸡皮、香蕈条。

白鱼去骨切厚片，每片夹火腿一片，烩。

白鱼羹：白鱼切黄豆大，甜酱瓜亦切黄豆大，炒。

鱼尾并鱼划水③煮熟，去骨，再烩。

冠油煨鲟鱼块。

糟鲜鱼：鲜青鱼治净，切块，入苏州香糟坛，早辰至午④，即可用。鱼鲜味更透，可烩、可汤。

刀鱼圆（内入火腿米）：蒿尖烧，或烩。

刀鱼羹。

① 松鲞：一种干腊鱼。

② 入糟坛：此处前似有脱文。

③ 鱼划水：鱼鳍。

④ 早辰至午："辰"和"午"均为十二时辰之一。"辰"指七时至九时，"午"指十一时至十三时。

※鲫鱼白去皮，改刀，烧。

※鲤鱼白，取鲤鱼脊厚、尾宽大、面金色者。

※楚鱼①切块，用米泔水浸，酥肥肉块同烧。盛暑时可存十余日，烧时加入甜酱。

蟳螯去肚晾干，熬熟冷定，脂油内搅匀入坛，可以永久。

蟳螯干；鱼肚丝；鲜蛏丝；晕冒②黄蚬。

醉蟹，须用团脐，更须于大雪节气后醉之，味始佳。

炒蟹腿；蟹肉圆（清蒸）；螃蟹白鱼羹（螃蟹腿配白鱼条）；荸荠片炒蟹腿肉；冬笋切菱角块炒鲜蛏；冬笋细丝炒蟹黄。

【译】（略）

◎ 豆腐类 ◎

烩豆腐

先将肉、笋、香蕈切细丁（约需六两），用好酱、香油炒之。次下瓜仁、松仁、桃仁，凡可入之物皆切作细丁同炒。略用豆粉、洋糖，看火候以勿老为度。次用极嫩豆腐三块，削去四围③硬皮，漂数次，入鸡汤或肉汤、虾油煮熟盛

---

① 楚鱼：团头鲂，亦称"武昌鱼""团头鳊"。肉味腴美，脂肪丰富，为上等食用鱼类。原产于湖北梁子湖，故被称为"楚鱼"。

② 晕冒：何意不详。

③ 四围：四周。

大碗。将前肉、笋各丁，趁熟一同倾入，即可入供。煮腐必要用莳萝，味如鲜虾，或少加胡椒末更美。糟冬笋烩豆腐。

※豆腐捻碎，任意和入诸物，用碗和之，如捻豆腐式，听用。

※麻油内入瓜仁、松仁、胡桃仁等果。

煨透木耳烧豆腐；去皮胡桃仁烧豆腐；香椿干或鲜香椿烧豆腐；香椿烧捻碎豆腐；蟹肉烧细丁豆腐；鲤鱼白烩豆腐。

※蟹肉烧豆腐。

嘉兴豆腐：豆腐切小薄片先煮，加甜酱、豆粉、火腿米烧。

豆腐圆嵌火腿米、松仁。

荷瓣豆腐：取豆腐浆点以火腿汁，用小铜瓢舀入鲜汁锅内。

豆豉入紫菜、玫瑰花瓣。

豆腐饺：火腿、鸡茸，清汤、或烧。

取石膏豆腐炸去腐气，片如瓜子仁薄，切小方块晒干，荤、素，听用。

【译】先将肉、笋、香蕈切成细丁（大约需要六两），用好酱、香油炒制。再下入瓜仁、松仁、桃仁，凡是要加入的配料都要切成细丁同炒。稍微加些豆粉、洋糖，看火候将各种细丁炒至熟而不老为止。再将三块很嫩的豆腐，削去四周的硬皮，漂烫几次，加入鸡汤或肉汤、虾油煮熟后盛入大碗。将之前炒好的肉、笋等各丁，趁熟一同倒入大碗中，就可以供食用了。煮豆腐一定要用蒔萝，味道像鲜虾，或加少许胡椒末更好。糟冬笋烩豆腐。

※将豆腐捻碎，任意和入各种食材，和入碗中，捻成豆腐的样子，备用。

※麻油内加入瓜仁、松仁、胡桃仁等果仁。

煨透木耳烧豆腐；去皮胡桃仁烧豆腐；香椿干或鲜香椿烧豆腐；捻碎豆腐烧香椿；蟹肉烧细丁豆腐；鲤鱼白烩豆腐。

※蟹肉烧豆腐。

嘉兴豆腐：豆腐切成小薄片后先煮制，再加入甜酱、豆粉、火腿米烧制。

豆腐丸子嵌入火腿米、松仁。

荷瓣豆腐：取豆腐浆点入火腿汁，用小铜瓢舀鲜汁下入锅内。

豆豉中加入紫菜、玫瑰花瓣。

豆腐饺：配料有火腿、鸡茸，清汤、或烧。

取石膏豆腐炸去腐气，片成像瓜子仁一样薄，切成小方块后晒干，荤、素都可以，备用。

面筋

面筋切小骰子①块，加芹菜炒。腐干同。面筋片、火腿片煨。面筋碎块，入香椿米炒。火腿煨油炸腐皮。

※生、熟面筋糟、酱皆可。

糖面筋：面筋以旧城古观寺前李家门楼糖心面筋为佳。多用菜油炸好，用宽水②加桂皮、八角煮，再入酱油煮，起锅加酒。

【译】将面筋切成小色子块，加入芹菜炒制。腐干的做法相同。面筋片、火腿片一同煨制。切好的面筋碎块，加入香椿米炒制。火腿煨制油炸腐皮。

※生、熟的面筋糟制、酱制都可以。

糖面筋：面筋选用旧城古观寺前李家门楼的糖心面筋为最好。多用些菜油将面筋炸好，用宽水加入桂皮、八角煮制，再加入酱油煮制，起锅后加些酒。

腐乳③

腐乳临用少入麻油，味香。腐乳拌玫瑰花瓣。

※做腐乳另入果品、橙丝等。

【译】（略）

---

① 骰（tóu）子：色子。中国传统民间娱乐用来投掷的博具。早在战国时期就有。通常作为桌上游戏的小道具，最常见的骰子是六面骰，它是一颗正立方体，上面分别有一到六个孔（或数字），其相对两面之数字和必为七。

② 宽水：水用量多的意思。

③ 原抄本此处无标题，为注译者添加。

豆渣饼①

豆渣饼入油炸透对开。用青菜头烧，不用锅盖，恐盖则色黄，亦不宜过烂，以九分熟即止。

烧豆腐渣饼配笋片或茭白片。豆渣饼内须和绿豆粉。

【译】锅内倒入油将豆渣饼炸透后对开。用青菜头烧制时，不要用锅盖，恐加盖后豆渣饼的颜色会变黄，也不宜过度焖制，九分熟即可。

烧豆腐渣饼要配笋片或茭白片。豆渣饼内需要和入绿豆粉。

腐皮②

松菌烩腐皮；腐皮卷蟹肉，煎黄切段。

鸡皮烧腐皮。

黄干片加虾米、笋片烧。

黄干片切骰子大块③，挖空嵌馅，油炸再烧。

豆饼烧腐皮饺。

【译】（略）

绿豆粉④

绿豆粉做素肉，内嵌桃仁、瓜子仁。

真绿豆粉做素肉，可烧可烩。

---

① 原抄本此处无标题，为注译者添加。

② 原抄本此处无标题，为注译者据原目录添加。

③ 切骰子大块：切成色子形状的大块。

④ 原抄本此处无标题，为注译者添加。

※绿豆粉和米粉裹馅蒸熟，外粘以去皮熟绿豆末。

【译】（略）

海蜇^①

冠油烧海蜇：海蜇洗净去边，先煨。俟将烂再入冠油同煨。冠油用酱烧过，与海蜇再烧。蜇皮切如发细丝，木耳丝拌。

火腿片煨海蜇尖皮：蜇皮切骨牌块，入火腿一方块，肥肉一方块，贡干去硬边、毛沙十余枚，同煨烂入味，捞出火腿、肥肉，另入鸡汤，将蜇皮、贡干、火腿片、鸡片再烩（贡干即淡菜）。

干烩海蜇皮衬火腿鸡片。

鲜虾腌汁拌海蜇皮丝。

【译】冠油烧海蜇：将海蜇洗净去边，先煨制。等海蜇即将烂时再加入鸡冠油一同煨制。鸡冠油要先用酱烧过，再与海蜇烧制。蜇皮烧好后切成像发丝一样的细丝，同木耳丝一同拌匀。

火腿片煨海蜇尖皮：将蜇皮切成骨牌块，加入一方块火腿、一方块肥肉、十多枚去掉硬边和毛沙的贡干，一同煨烂入味，捞出火腿、肥肉，另加入鸡汤，将蜇皮、贡干、火腿片、鸡片一起再烩制（贡干即淡菜）。

干烩海蜇皮衬火腿鸡片。

---

① 原抄本此处无标题，为注译者添加。

鲜虾腌汁拌海蜇皮丝。

◎ 蔬菜类 ◎

制萝卜

小雪时买白萝卜一担[1]，切条，用盐三斤半腌二日捞起晒干，至晚仍入卤中。再晒再浸，以卤干为度，又晒极干。用好醋十斤煎滚。又用洁白洋糖四斤放两处钵内。将水烧滚入糖，候糖化入花椒、茴萝，不拘多少[2]。将糖汁并醋贮入缸内，将箩卜放入发足，装小瓶中，逐渐开用。

又，萝卜干切成菱角块风干，开水发透，拌花椒、小茴、炒盐揉。

※不拘红白萝卜，或切块或拌入醋并少加洋糖。

※萝卜丝拌红菱丝。

生萝卜捶碎，入盐汁浸过做小菜。

海蜇入荤汁煨透，包馅配萝卜圆，再烧。

红萝卜切菱角块，烧腰、胰。

【译】小雪节气的时候买一百斤白萝卜，切成条，用三斤半盐腌制两天后捞起晒干，到了晚上仍下入盐卤中浸泡。之后再晒再泡，直到盐卤干了为止，再将萝卜晒得非常干。

---

① 一担：今一百斤。

② 不拘多少：不限制数量多少。

用十斤好醋煮开。再将四斤洁白的白糖放在两个钵内。将水烧开后倒入糖中，等糖溶化后加入花椒、莳萝，不限制数量多少。将糖汁和醋贮入缸内，将箩卜放入且发透后，装入小瓶中，逐渐打开食用。

另，可将萝卜干切成菱角块后风干，用开水发透，拌入花椒、小茴、炒盐揉搓。

※选取红、白萝卜都可以，可以切成块拌入醋并加少许白糖。

※萝卜丝拌红菱丝。

将生萝卜捶碎，加入盐汁浸泡后用于做小菜。

将海蜇入荸汁内煨透，包馅配上萝卜丸子，再烧。

将红萝卜切成菱角块，同腰、胰一并烧制。

刀豆、丝瓜[①]

酱刀豆，切丝。

丝瓜去皮、瓤，配烧鸭块。

【译】（略）

糟茄

小秋茄（去蒂）五斤，拣整个者洗净，晾干。白酒娘[②]六斤，炒盐十七两，花椒二两。先以白酒糟铺底一层，洒盐一层，放茄一层，再洒盐一层，如是放完，花椒盖面，加上

① 原抄本此处无标题，为注译者添加。

② 酒娘：据下文，这里应是酒糟。

好烧酒一斤，封口，收贮。年底开用，取寸长小茄，嵌去皮杏仁、花生仁，甜酱烧。

【译】取五斤小秋茄（去蒂），挑选整个的秋茄洗净，晾干。取六斤白酒糟、十七两炒盐、二两花椒。先用白酒糟铺一层底，撒上一层盐，盐上放一层秋茄，再撒一层盐，按这种方法将秋茄放完，面上撒上花椒，加入一斤上好的烧酒，封口，收贮。到了年底打开取用，取寸长的小茄，嵌入去皮的杏仁、花生仁，用甜酱烧制。

油拨齑①

青菜洗净，挂于檐口，风晒四五日。待其皮软，锅内入香油少许，俟油滚，将菜放下烹炒，有斑即起锅，加以芝麻、麻油、酱油。

又，用大头菜晾干，做辣，如上制法更美。

【译】将青菜洗净，挂在檐口，风干四五天。等青菜皮软后，锅内下入少许香油，等油滚后，将菜下锅烹炒，青菜有斑后马上起锅，加入芝麻、麻油、酱油即可。

另，将大头菜晾干，加入辣味，按上面说的方法烹炒味道更美。

瓶儿菜②

花、叶、老根去净，切三分长，盐花腌透，榨干，每斤

---

① 齑：原指切碎的腌菜或酱菜。这里指风干菜。

② 瓶儿菜：腌渍的青菜薹。

加炒盐二两五钱，拌莳萝。

【译】将青菜薹花、叶、老根去净，切成三分长，用盐花腌透，榨干水分，每斤青菜薹加二两五钱的炒盐，拌入莳萝即可。

笋①

煮笋：将笋磕碎，入锅煮。用刀切即有铁腥气，并须短汤②。

笋丝炒粉皮丝，加木耳丝。茭白、萝卜丝同。笋片拖蛋黄。炒冬笋丝。

金针菜③寸段入笋丝炒，拌以芥末、鲜核桃仁。炒金针菜寸段。

※笋、茭白、黄芽菜或青菜心略腌，晾干，即入陈糟坛做小菜，或配各物煨烧。茭白秆冬日可取。

【译】（略）

青菜④

芥菜心去皮略腌，切块，配鲜肉、咸肉煨。

蒿菜炒笋片、香蕈块。又，蒿菜圆。

※芦蒿用滚盐水一焯，以炭屑火烘干，用咸莴苣切碎，用麻油、醋、红糖少许，浸半日用。

---

① 原抄本此处无标题，为注译者添加。

② 短汤：何意不详。

③ 金针菜：忘忧草。

④ 原抄本此处无标题，为注译者添加。

香苣^①取心，切菱角块，配火腿、笋片、木耳、鲜汁煨。

莴苣圆。

莴苣豆：嫩莴苣盐水浸一日，用炭屑火烘干，切蚕豆大，其味香脆。

酱瓜薄片卷作酒盅式，一头大一头小，中嵌松子仁一颗。

瓢小芋子：外拖以豆粉油炸，再烩。香芋同。

淡笋尖煨芋子。

绍兴地方，取土灶毛笋取破^②，他处不及也。但笋有浸入酸水，而货者，只知图利而鲜味大减，殊^③属憾事。

冬笋尖干做时，与豆拌煮，色姣^④而有味，但不可着潮气，即霉，不可久留矣。

※蜜饯笋干；淡干尖煨肉；荸荠块烧肉；淡笋干经日晒，鲜味去尽。

【译】（略）

茄饼照瓠饼式制。

熟饭藕片^⑤晾干，入油炸，掺以洋糖。

削皮荸荠煨大香蕈块，烧皆可。萝卜圆同。萝卜糕。

---

① 香苣：莴苣，莴笋。

② 取破：此二字似有误。

③ 殊：非常的意思。

④ 色姣：颜色好。

⑤ 熟饭藕片：将米灌入藕孔中蒸熟切片。

松菌配烧錾花^①荸荠片，花生、瓜子，用小菜盘供。

孙春阳^②家有金钱桔饼。

※冠油烧去皮荸荠：荸荠去皮，切菱角块，脂油烧。又，煮熟，用莲子先入洋糖煨，恐不烂，临熟时始可^③入糖。

※莲子去皮心，入滚水煨烂，水要多，临用拣去破碎，单用整者，加糖。

夏日，用冬笋菜（糟醉之类），冬日用夏菜。

木耳丝、蛋丝炒绿豆芽；木耳烧茄泥；木耳烧扁豆。

煨透香蕈拖蛋黄（或豆粉蛋黄，豆粉内少加作料）蒸，再烩或烧。木耳同。又，香蕈拖豆粉油炸或蒸熟，豆粉内加劗碎松子仁、瓜子仁等。

※乡山中均有干松菌收装。

※冬日鲜菌：用松木盆不加漆者，取香蕈若干入盆，浸以温水，晚时取以露水，数夜与鲜菌无异。

【译】（略）

蘑菇^④

甜酱蘑菇：鲜鸡腿蘑菇或干蘑菇、香蕈等皆可入酱，但

---

① 錾（zàn）花：本义指使用一整套具有各种基本图形的錾子，通过锤击錾子，使金属表面呈现凹凸花纹图案的一项工艺。这里似指拓花的荸荠片。

② 孙春阳：清乾隆时苏州人。袁枚《随园食单》中也曾提到孙春阳家的玉兰片"佳"，熏鱼子"妙"。

③ 始可：才可以。

④ 原抄本此处无标题，为注译者据原目录添加。

取色白，不可使黑。又一种名"丁香蘑菇"，早晨摘下，一日晒干，其色就纯白，若隔宿晒干即变矣。冬煨蘑菇。

※天花煨青菜头、肥火腿。鸡㙡出云南，如鲜菌式，形如鸡，故云。鲜者难存。入酱油晒干者，加木瓜酒浸之，以之作料酒，其味更鲜。

【译】甜酱蘑菇：鲜鸡腿蘑菇或干蘑菇、香菇等都可以入酱，但要选取颜色白的蘑菇，不可以用黑色的。另外有一种名叫"丁香蘑菇"，在早晨时摘下，经一天晒干，蘑菇的颜色就是纯白色的，如果隔夜晒干就会变色。冬煨蘑菇。

※天花煨青菜头、肥火腿。鸡㙡菌出自云南，像鲜菌一样，形状像鸡，故称。新鲜的鸡㙡菌很难保存。鸡㙡菌加入酱油晒干，再加木瓜酒浸泡，用来做料酒，味道更鲜。

风鲤鱼

连鳞切块，拖烧酒入坛，五六日可用，泥封至夏亦不坏。醉鲤鱼过时味酸，不可食。

【译】将鲤鱼带鳞切成块，拖烧酒入坛，五六天后就可用，用泥封闭后直到夏天也不会坏。醉鲤鱼时间久了味道变酸，不能食用。

虾油

虾油内加麻油数点，以之蘸白片肉甚美。

【译】（略）

制乌鱼蛋

将蛋①浸三四日，时时换水，去净薄衣，用鸡汤烩。

【译】（略）

炒虾仁②

蚕豆瓣炒虾仁③。

炒虾仁配栗肉块。

炒大虾米须浸透（用汁）始出。又，虾米浸透劂碎炒，名曰"虾松"。

【译】（略）

油炸鳝鱼丝

切寸五分段，配笋片、火腿片烧。珍珠果炒鳝鱼丝。

【译】（略）

小石蟹

小石蟹，一名"沙里钩"。先将蟹醉后冲酒饮，蟹空而味鲜。

【译】（略）

---

① 蛋：乌鱼蛋。即雌性乌贼鱼缠卵腺的干制品。

② 原抄本此处无标题，由注译者添加。

③ 原抄本中"蚕豆瓣炒虾仁"一句原在"制乌鱼蛋"的前面。今略加调整，以利编排。

◎ 油类①◎

制菜油法

真菜油十斤，先以豆腐三四块切碎，投油中炸枯②，捞净。入捶碎生姜二三两，炸枯，捞净。又入黑枣③四两，炸枯，捞净。又入白蜜四两，略熬，将油收起贮用（各物用夏布袋另装入油亦可）。又，菜油十斤，只用红枣二斤，豆腐八块，炸枯，捞起听用。

又，真菜油十斤，用橄榄二斤，陆续投油炸枯，捞净，贮用。

豆油味厚，宜做素菜，能照菜油法制之，更佳。诸油陈久即有耗气，若豆油终有豆气，不及菜油远甚。

炼油：茶油十斤入锅，用豆腐五斤或片、或条、或块、或面饼、饺类炸之，名为"熟油"，做各种菜胜于荤油。菜油同。菜油、麻油炼后再埋土④一二年更美。

【译】（略）

制豆油法

素菜必须豆油始肥。豆油十斤，入豆腐片五斤、红枣二

---

① 原抄本此处无标题，由注译者添加。

② 炸枯：炸至枯黄。

③ 黑枣：前后不一致。下文说的是"红枣"。

④ 埋土：埋入土中。

斤或加生姜数片，熬透，捞出渣，将油伏地①十日，取用。

【译】素菜一定要用豆油才能够肥美。取十斤豆油，下入五斤豆腐片、两斤红枣或加数片生姜，熬透，捞出渣滓，将油放在地上十天后再取用。

小磨麻油

只取香。其油性浮而上，食之者易于动火。一切素菜，须用油炼炸出者，油真而味厚。

凡用菜油或小磨麻油，将油先入锅炼透，然后再下菜，即无生油气。

【译】只取小磨麻油的香。其油性浮而上，食用的人容易动火。一切素菜都要用炸后的炼油，油真且味厚。

一般用菜油或小磨麻油，要先将油入锅中炼透，然后再下菜，这样没有生油气。

麻油膏

麻油熬熟，入豆粉收之。

素油无味，须借他味以成味。是以炒、烧、焖三种，如豆粉、麻油、甜酱、酱油，始能得味。

【译】（略）

---

① 伏地：本义俯伏在地上。这里应指放在地上。

持斋论

平素^①不能持斋^②，先劝之食三净肉^③（见杀，闻杀，不宜为我而杀）、或干肉（火腿、腌鱼、蛋、鲞之类）、或花斋^④（十日，六日）、或戒食（黑鱼、黄鳝），逐一陆续戒去，日久自能。吃斋须用白米饭易于下咽，或饥透^⑤食，或食饱食^⑥，虽有荤腥亦不朵颐^⑦矣。所谓饥不择食，饱不思食也，或用荤汁做素菜，或用肉边素菜，或间餐^⑧荤素。如：早饭素，中饭荤，晚饭亦素，次日早饭荤；或用两餐素一餐荤，逐渐戒去，久之食素，或不记顿数吃。京中^⑨青豆芽汁最鲜，陈大头菜更鲜。

※或每月加六斋日。

【译】（略）

治浊水

青果汁或洋糖少许投之，即刻澄清。

---

① 平素：平时，素日。

② 持斋：信某种宗教的人遵守不吃荤或限制吃某种东西的戒律。

③ 三净肉：佛教术语，指信徒没有看见、听说或怀疑为了自己而杀死的动物之肉类。

④ 花斋：不是终年吃素食，而只在规定的日子里吃素，叫作"花斋"。阴历每月初一、初八、十四、十五、十八、二十三、二十四和月底三天吃斋，叫"十斋"。每月初八、十四、十五、二十三和月底两天吃斋，叫"六斋"。

⑤ 饥透：饥饿到很深的程度。

⑥ 饱食：吃得饱，充分满足了需要量。

⑦ 朵颐：鼓动腮颊嚼东西的样子。

⑧ 间餐：指间歇性地吃。

⑨ 京中：京城里。

※晴久初接屋漏水，兑入井水，捣碎桃仁澄之，去秽解毒。澄黄河水亦用桃仁，倾刻即清。

※做酱油之水，必要五更时入缸，令其多露水。

【译】（略）

茶叶

取绍兴上灶者，味厚，可泡三次，他处不及也。然叶取色白者上。世有以桑杆灰稍拌，伪作白色，不久即变。

※茶以紫红、菊雪为第一。凡茶叶，灰后即入坛封固，丝毫沾不得潮气，即霉，并不可日晒。

※藏茶法：茶叶每斤作四包，入大黄沙坛内，坛底放整石灰一块，将包铺平，紧盖坛口，不令走气①。用时，取包另装小瓶。三四年后，其色仍然碧绿。

【译】（略）

浸酒②

南枣浸陈绍兴酒，味浓而鲜。又，投纯酥白糖烧饼三十枚，约酒三十斤者，上浇以麻油三大杯，泥封一月可用。

鹿角胶六分、虎骨胶四分，老酒化开，入桃仁、瓜子仁、冰糖末搅匀，切片用。

【译】（略）

---

① 走气：漏气。

② 原抄本此处无标题，由注译者添加。

百合①

冲百合粉入松仁十数颗。冲绿豆粉同。

百合膏：大百合煮去皮、渣，照山药膏式制②。煨百合捞起小吃，加糖。

【译】（略）

荤素菜类③

烧百果栗子；虾米炒荸荠片；炝笋；炸面拖扁豆；松菌熬汁下面；松菌煨鸡块；蝤蛑烧青菜；天花鸭舌煨菜头；鸭舌烧青菜。

取西瓜重十斤者，浸冷，切去盖，将瓤捣烂，加洋糖四两、干烧酒一斤，和汁饮之。

※新栗肉炒扁豆。又，扁豆、豇豆用脂油养之。洋糖煨栗肉不碎。

※豌豆头劖碎，拌姜醋、麻油，如荠菜、甜菜头用。即枸杞子尖也。

※淡腌菜随意切段，用梗不用叶，入白酒糟，加花椒少许，封固，至春日。

※腌一切菜今冬可至明冬者，用水装坛面平，黄芽菜更好。

【译】（略）

① 原抄本此处无标题，由注译者添加。

② 照山药膏式制：按照山药膏的做法做。

③ 原抄本此处无标题，为注译者据原目录添加。

食芡①法

人之食芡也，必啮②而细嚼之。未有多嗫而极咽者也。芡五味腴③而不腻，足以致上池之水④。故食芡者，能使人华液通流，转相挹注⑤，积其力，虽过石乳可也。以此知，人淡食⑥而随⑦饱，当有大益。

【译】（略）

东坡羹

东坡羹，盖东坡居士所煮菜羹也。不用鱼肉五味，有自然之甘。其法：以松若⑧、蔓青⑨若、芦服⑩若及一瓷碗下菜，沸汤中入生米为糁⑪，及少许生姜，以油碗覆之，不得触，触则生油气至熟不除⑫。其上置甑，炊饭如常法，甑不

---

① 芡：芡实，中药。具有益肾固精、健脾止泻、除湿止带的功效。

② 啮（niè）：咬。

③ 腴：美好。

④ 上池之水：有口中津液（口水）之说。本义指未沾及地面之水（天水）说。

⑤ 挹（yì）注：比喻从有余的地方取些出来以补不足的地方。

⑥ 淡食：饭菜里边没有放食盐或指吃清淡的食物。

⑦ 随：随即。

⑧ 松若：松，菘菜。若，此处为若英之省代，借为菜英子。萝卜缨子即萝卜叶子。

⑨ 蔓青：芜菁，亦别称"诸葛菜"。直根肥大，有甜味。根和叶作蔬菜，鲜食或盐腌、制干后食用。

⑩ 芦服：又称"莱菔"，即萝卜。

⑪ 糁（sǎn）：以米和羹。

⑫ 至熟不除：直到熟都没有除去。

可遽①覆②，须生菜气出尽乃复之。羹每复沸涌，遇油辄③下，又为碗所复故才不得上，不尔④，羹上薄饭气不得达⑤，而饭不熟矣。饭熟，羹亦烂，可食。若无菜，用瓜、茄切破，不揉洗入罨熟⑥。赤豆与米相半⑦为糁，余如煮羹法。

【译】（略）

蔬菜⑧

酱黄芽菜；冬笋炒白菜；如今日买青菜，不买菠菜之类。

※蒿菜尖烩芙蓉豆腐；蒿菜尖烩蘑菇或天花；蒿菜烩松菌；蒿菜烩栗菌；炒鸽蛋。

※香椿配笋，可烧可拌，笋须煮熟。

※木耳丝炒绿豆芽去头尾；芹菜切黄豆大，配油干丁、甜酱瓜丁炒。

风干白菜寸段入油炒；油炸鬼烧青菜心。

【译】（略）

---

① 遽（jù）：立刻；马上。

② 覆：覆盖。

③ 辄（zhé）：文言副词。就；总是。

④ 不尔：不如此；不然。

⑤ 气不得达：气不能通。达，通也。

⑥ 罨熟：这里作"腌熟"讲。

⑦ 相半：各一半。

⑧ 原抄本此处无标题，由注译者添加。

斋羹①

羹有天然之珍，虽不当于五味而有五味之美。《本草》②云："荠利肝明目。"凡人夜血，则归于肝，肝宿血之腑，过三更不睡则目面黄燥，意思荒荡，以血不得归故也。所以，患疮疥以血滞故也。肝气利于血，血气流于津液，津液畅润，疮疥于何有？所患疮疥宜食荠。其法：取荠三斤许，择净，用淘过粳米一二合③，冷水三升，生姜不去皮捶碎两指头大，同入釜中，浇生油一蚬壳多于羹上，不得触，触则生油气不可食。不可入盐、醋等。若知此味，则水陆八珍④皆可鄙厌⑤，羹以物复则易烂，而羹极烂乃佳。

【译】（略）

东坡真一酒

用白面、糯米、清水三物，谓之"真一法酒"。瓮⑥之成玉色，有自然香味。白面乃上等面，如常法起酵。作饼蒸熟后，以竹篾穿挂风道⑦中，两月后可用。每料不过五斗，

---

① 斋羹：从后文内容看，实为"荠羹"。荠菜生长于田野、路边及庭园。以嫩叶供食。其营养价值很高，食用方法多种多样，也具有很高的药用价值。

② 《本草》：《本草纲目》。

③ 合：计量单位，为中国古计量单位，十合为一升。

④ 水陆八珍：这里形容各种美味。

⑤ 鄙厌：鄙视厌恶。

⑥ 瓮：酿。

⑦ 风道：指通风的地方。

只三斗尤佳。每米一斗，炊熟^①，急水^②淘过，沥干，令人捣细白曲末三两，拌匀入瓮中，使有力者^③以手拍实，按中为井子^④，上广下锐^⑤，如绰面^⑥尖底碗状。于三两曲末中，预留少许掺盖醅面^⑦，以夹幕^⑧复之，俟浆水满井^⑨中，以刀划破，仍更炊新饭投之，每斗投三升，令入井子中，以醅盖合，每斗入熟水两碗。更三五日熟，可得好酒六升。其余更取醨者^⑩四五升，俗谓之"二娘子"，犹可饮。日数随天气冷暖自以意候之^⑪。天太热减曲数两。

【译】（略）

乌米酒^⑫

丹阳^⑬乌糯米酒，枇杷、冰糖浸烧酒。

【译】（略）

---

① 炊熟：蒸熟。

② 急水：指常水或酸性水。

③ 有力者：有力气的人。

④ 按中为井子：将中间按成一个"窝"。

⑤ 上广下锐：上面宽下面窄。

⑥ 绰（chuò）面：宽面。指碗口宽大。

⑦ 醅（pēi）面：指酿酒米饭的表面。醅，未滤过的酒。

⑧ 夹幕：双层厚布。有的还在中间衬以棉花，起保温作用。

⑨ 井：指前文说的"窝"。

⑩ 醨（11）者：薄酒。

⑪ 以意候之：可以推理判断。

⑫ 原抄本此处无标题，为注译者据原目录添加。

⑬ 丹阳：地名，今江苏南部。

解酒醉①

饮酒大醉，冲葛粉食之即解。烧酒醉者，饮糖茶或麻油。糯米炒焦，冲水作茶饮。饥时米即可食。

【译】饮酒后大醉，开水冲葛粉吃后即解。喝烧酒醉的人，饮糖茶或麻油。将糯米炒焦，冲水作茶饮，也能解酒。饿了的时候可以把米吃了。

面食

每日饭面兼用。白面炒黑，冲水饮。杂面扯面；炒面粉（鸡肉汁串炒）。

徽面多煮。

※米粉入发细火腿鸡丝②干炒。

【译】（略）

糟

绍兴酒对入酒娘，糟物更鲜。

苏州县孙春阳家，香糟甚佳。早晨物入坛，午后即得味。

绍酒浑脚③归④装一坛。多加炒盐、花椒，封口，置灶下暖处⑤，即是糟油。

---

① 原抄本此处无标题，由注译者添加。

② 发细火腿鸡丝：如头发般细的火鸡丝。火腿鸡，即"吐绶鸡"，亦称"火鸡"。

③ 浑脚：酒脚。酒器中的残酒。

④ 归：集中在一起。

⑤ 暖处：暖和的地方。

【译】（略）

做酒娘法

如欲酒娘醉物，预先将酒娘做好，泥封小坛，随意开用，入瓜、果等物醉之。

【译】（略）

东铺酒

东铺酒最出名者，沈全由字号。做法顶真，价值较他家稍减①。

【译】（略）

姜乳

取生姜之无筋、滓者，子姜②不中用。挫之并皮裂，取汁贮器中，久之澄清，其上黄而清者撇去，取下白而浓者阴干，刮取如面，谓之"姜乳"。以蒸饼或饭搜和丸如桐子③，以酒或盐米汤吞服数十粒，或取末置酒食茶饭中食之皆可。姜能健脾温肾、活血益气。

【译】选取无筋、滓的生姜，子姜不能用。将生姜锉过至皮裂，榨取姜汁贮在容器里，许久后将姜汁澄清，撇去姜汁表面色黄而清的，留取下面色白而浓的部分进行阴干，阴干后刮取表面的部分，这称为"姜乳"。用姜乳蒸饼或者同

---

① 稍减：指价格稍低。

② 子姜：附有姜芽。

③ 桐子：桐子果，银杏科植物。枝铁灰色，幼树生长较旺，果实于处暑节令成熟。

米饭做成像桐子果大小一样的丸子，用酒或咸米汤吞服几十粒，或者取研好的末放在酒食茶饭中吃都可以。姜有健脾温肾、活血益气的功效。

炒大椒

用麻油、甜酱少许，加结糖更得味。

【译】（略）

玫瑰桂花糖饼①

玫瑰、桂花捣各色糖饼。

【译】（略）

治腹痢痛

用生姜切如粟米大，杂茶对烹，并淬食之，实有奇效。又，用豆蔻刳②作瓮子，入通乳香③少许，复以塞之，不尽即用。和面少许，裹豆蔻煨熟，焦黄为度。三物④皆为末，仍以茶末对烹之，比前益奇。

【译】（略）

---

① 原抄本此处无标题，由注译者添加。

② 刳（kū）：剖开后再挖空。

③ 通乳香：乳香。乳香，中药名。为橄榄科植物乳香树及同属植物树皮渗出的树脂。具有活血行气、止痛、消肿生肌的功效。

④ 三物：以上三物。

菜单择用

上席

（一）

燕　窝	烩蛏干	鱼　翅^①
鹿筋烧松鼠鱼	海　参	煨樱桃鸡
蛏　干	炒羊肝	冬笋鸡脯
大块鸡羹	鲢鱼脑	高丽羊尾
火腿炖烩鱼片	挂炉羊肉	挂炉片鸭
炖火腿块（长切寸五分，厚五分）		蟹
野鸭烧海参	煨三笋净鸡汤	火腿冬笋烧青菜心
海蜇煨鸡块（去骨）		葵花虾饼
盐酒烧蹄桶	炖白鱼	

【译】（略）

（二）

燕　窝	蛏　干（肥肉块配红烧大块苏鸡）	
海　参	烩春斑	鱼　翅
鸭舌烧青菜心	瓢　鸭	炒野鸭片
炖火腿	鸽蛋饺（苋菜炒鸽蛋）	
卤　鸡	烧羊蹄	珍珠菜烩油炸鸽蛋
油炸鸽蛋烧白苋菜	徽州海参	八宝海参

---

① 鱼翅：鲨鱼翅。现行国家法律法规规定禁止食用。

芙蓉豆腐衬火腿鸡皮 　　　　　　　蛼螯煨蛏干

热切火腿配野鸭脯　松菌烧冠油　　　炒　蟹

文师豆腐　　　　　松鲞煨白鱼块　　　烧羊蹄

剔骨鸡配栗肉红烧　鸡汁燀白鱼片

【译】（略）

（三）

燕　窝　　　　　　冬笋煨鸡脯

鱼　翅（蟹腿红烧各半配装）　　　　挂炉片鸭

文师海参　　　　　烧鲢鱼脑（鸡皮、石耳）

蛏　干（野鸡脯、香蕈、火腿、蹄筋）　鸭舌青菜

挂炉羊尾　　　　　蟹　羹　　　　　蟹

羊　脯　　　　　　火腿冬笋汤　　　鸽蛋饺

杂菜海参　　　　　嘉兴海参　　　　鹿筋烧麻雀脯

蛏　干　　　　　　炖鸭块　　　　　麻雀脯烧蹄筋

松菌烧冠油　　　　东坡肉　　　　　蟹　饼

炒野鸭片　　　　　水田肉　　　　　蟹

荷花豆腐（取豆腐浆，点以火腿汁，用小铜瓢撒入鲜汁锅）

煨白鱼块（火腿片）

【译】（略）

（四）

烧蛏干　　　　　　肥鸭块煨海参

炸鱼肚（又，炸鱼肚泡后切丝，作衬菜）

葵花肉圆（剁好加松仁或桃仁） 　　杂果烧苏鸡

烹炒鸡（配诸葛菜）　火腿烧青菜　　炖白鱼

茼蒿栗菌烧炸鸽蛋　肉丝煨红汤鱼翅　清汤鱼翅

烧海参（猪脑）　　煨大块鸡羹　　莲肉煨鸭

冬笋煨茶腿　　　芙蓉豆腐　　　鲟

烧蟹肉　　　　　元宝肉　　　　烧鸡杂

火腿笋丝

【译】（略）

（五）

清汤烩燕窝　　　清汤鱼翅　　　野鸭烧鱼翅

杂菜海参　　　　白汤鸡块煨海参　炒鲜蛏

火腿烩面条鱼　　火腿冬笋煨鸭块（去骨）

海蜇煨红汤拆骨鸡　冬笋火腿汤

【译】（略）

中席
（一）

红汤野鸭　　　烧肉块（烧盐酒大块肉）

元宝肉　　　　烧青菜　　　　　虾　圆

长　蛋①　　　烧　鱼（鲋鱼块）　蟹螯豆腐

---

① 长（zhǎng）蛋：涨蛋，江苏地方菜。制法：先将火腿丁、南荠丁、蘑菇丁、虾米丁、姜末、葱末等配料加入调料拌匀，入油锅煸出香味，再加水煮沸。将鸡蛋液用筷子搅打成沫，倾入锅中，同配料搅匀。待蛋凝固成块，用铲揭起，淋入熟油，翻锅使两面匀微微焦黄，移微火上焖至涨开为止，出锅装盘。

杂　素　　　　　杂　烩　　　　　蝉螯豆腐皮

杂小菜　　　　松菌笋尖煨拆骨鸡块

【译】（略）

（二）

菜苔烧鱼翅　　　红汤海参（配甲鱼边）

鸡丝煨鲜蛏　　　火腿煨鹿筋　　　火腿煨肺块（去衣）

荠菜瓢野鸭　　　五香五丝整鸭　　煨绿螺丝

烧猪脑　　　　　烧血肠　　　　　茼蒿鸽蛋

菌笋鸽蛋（白汤）冠油花煨鱼翅（冠油红烧）

猪脑烧海参　　　猪脑红烧荸荠　　烧鲨鱼皮

肉丝冬笋丝烩鲜蛏丝　　　　　　　刀鱼圆

燕笋煨火腿爪鲜猪爪（去骨）

【译】（略）

（三）

燕窝（鸡皮、鸽蛋、鸭舌）　　　　杂菜烧海参

火腿余班鱼　　　野鸭烧鱼翅　　　冬笋炒鸡丝

蟹肉烧台菜　　　蟹肉烧蔓菜　　　火腿尖皮煨蹄尖皮

叉烧糯米大肠　　叉烧数珠鸡　　　叉烧猪腰

叉烧哈儿巴

蹄　筋　　　　　盐水腰　　　　　炒虎头鲨片

炒蟹肉（莴苣尖）

鸡皮蟹肉拌鱼翅　笋尖煨鸡腿　　　海参配鳝鱼丝腰丝

杂菜海参　　　　刀鱼圆　　　　烩春班

红白挂炉鸭

诸葛菜烧鸭舌　　小笋烧鳝鱼　　烧鸡腰

烧冠油块　　　　拌肚丝

【译】（略）

围盘择用

鲜果

苹　果	石　榴	雪　梨
荸　荠	藕（加洋糖）	菱
桔	葡　萄	白　果
金　桔	青　果	糖　球①（去皮）

腌菜心穿核桃仁　　莴苣干穿熟杏仁（去皮）

红萝卜干穿橄榄　　青笋干穿荸荠片（去皮）

熟香芋（去皮加糖）熟荸荠（去皮闭瓮菜卤煮）

熟莲藕（加糖）　　熟栗子（加糖，或油炒）

熟白果（炒）　　　炒瓜子仁

【译】（略）

干果

杏　仁	核桃仁	榛　仁
风　栗	风　菱	瓜子仁
花生仁	榄　仁	

核桃仁（去皮，配花生米入油炒，或单炒）

桂花糖饼	玫瑰酱	梅干糖
糖　姜	炖　梅	姜丝饼
乌　梅	杨梅干	

① 糖球：山楂，又称"棠球"。

【译】（略）

冷盘

火　腿	变　蛋	醉　蟹
板　鸭	酥　鱼	鸡　爪
炝　虾	蜇　皮	鸡　球
烧　腰	鸭　舌	野　鸭
鸡　杂	糟野鸭	糟变蛋
糟鸭舌	糟肉片	糟嫩鸡（去骨）

【译】（略）

热炒择用

炒野鸡片	鸭　掌	羊　腰
羊　肝	蹄　筋	烩鱼卷
鸽蛋饺	油鸡饼	蟑螯饼
蟹　饼	烧鸡杂块	五香野鸭
烧白果（或烧栗）	虾米炒荸荠片	烧海参丝
炝　笋	油炸酥鱼	烧腰子
烧鸭掌	炒冬笋（切菱角块）	
炸麻雀	羊肉圆	

【译】（略）

点心

荷花馒首	千层糕	鸡蛋春饼
梨　糕	菊花团	苏　盒
金丝包	藕粉饺	春　饼
米　盒		

【译】（略）

菜单择用

清汤燕窝（衬鸡脯、火腿片、鸽蛋、野鸡片、核桃仁、火腿肥膘、去骨面条鱼、鸭舌、鸭肾、连鱼拖肚）

素燕窝把（衬）

烩鱼翅（鱼翅拖蛋黄。衬蟹腿、鸭掌、核桃仁、冠油花、蟛蜞、肉丝、鹿筋）

烧鱼翅（衬蟹肉、肥肉条、蟹肉红烧各半配装、蟹、烧羊爪）

烧荔枝鸡　　　　　蛋白炒荔枝腰

鸭舌煨白果（配口蘑、火腿丝）

鸽蛋烩青菜心　　　鸭舌天花煨青菜头

火腿冬笋煨青菜心　鸽蛋烩珍珠菜　　　　鸽蛋饺

虾米烧青菜心　　　油炸鸽蛋烧白苋菜（配火腿丝）

小杂菜（衬）　　　烩蟹肉羹　　　　　炒　蟹

鸡汁煨白鱼片　　　烧　鱼

烧胖鱼脑（即鱼头、核桃脑衬鸡皮、石耳，或取腮肉同）

烩胖头鱼皮（假甲鱼）

松蛋（三分）白鱼块（七分）鸡汁煨　　火腿炖烩鱼

烧连鱼①头　　　烩春班　　　　　烧东坡肉

煨红蹄（配虾米）　松菌烧冠油　　　葵花肉圆

---

① 连鱼：鲢鱼。

煨 肚	大 肚	瓢虾圆
蟹 羹	蟹 饼	

蟹肉炒素面（可加线粉）	豆饼烧豆腐饺
高丽羊肉（羊尾拖米粉油炸）	挂炉羊肉

烧去骨羊蹄	烧羊头	烧羊舌
烧羊脯	文师豆腐（配火腿米、天花）	
芙蓉豆腐	鸡冠海蜇烧冠油	

【译】（略）

热炒

炒野鸡片	鸭 掌	羊 腰
羊 肝		

（俱用小磨麻油烧）

【译】（略）

居家饭菜论

居家饮食，每日计日、计口①备之。现钱交易，不可因其价贱②而多买，更不可因其可赊③而预买④。多买费，预买难查，今日买青菜，则不必买他色菜，如买菘不买茄之类。何也？盖物出一锅⑤，下人上人多等均可苦食，并油、酱、

---

① 计日、计口：计算日数、计算人数。

② 价贱：价格便宜。

③ 赊：买卖货品时延期收款或付款。

④ 预买：预先买回来。

⑤ 盖物出一锅：所有食材一锅出。

柴草不知省减多少也。

酱油、盐、醋、酒、腌菜，必须自制。

早饭素，午饭荤，晚饭素（亦有早饭、晚饭用粥者，似觉省菜）。

酒只宜晚饭饮，酒须限以壶。

客①用酒，令其自饮，不必苦劝。

每日饭食，三日中不仿略为变换，或面、或粥，相间而进，可也。

宴客宜中饭，晚饭未免多费。所为臣卜②其昼，不卜其夜，陈敬仲之言，诚当奉为令典③也。

家常：四盘两碗（三荤三素）。

客来：四热炒，八小碟，五簋一汤。

【译】（略）

素菜单

凡用蘑菇，不宜入醋。素宜用小碟，加点心。

※做素菜必要好酱油，用时，有与菜同入锅者，有菜半熟入锅者，有菜临起入锅者，须随宜用之。

※做素菜，油要多用。素菜要速起热供。

※素菜要鲜汁煮透，再烧再烩。

---

① 客：客人。

② 卜：占卜。形容不分昼夜地饮酒作乐，没有节制。

③ 令典：好的典章法度。

※五篑、四盘、四色，每二色又四盘四碗。

煨口蘑（配冬笋、天目笋、木耳、炸豆腐、料酒、洋糖、白萝卜块，俱少加豆粉）

又煨炸面筋（配豌豆头。又，烧面筋配核桃仁。又，烧面筋入蓬子汤和菜、料酒、洋糖、姜汁）

青菜烧米果（小米果不可多用。黄芽菜配小米果。栗肉、冬笋片、料酒、洋糖、陀粉①）

天花煨粉浆（粉浆者，用生豆腐浆同白干浆熬，或白粉切条块烩。又，天花、冬笋、木耳、萝卜丝、料酒、洋糖，烩）

芹菜烧冬笋（栗肉烧冬笋）

蘑菇煨杂菜（炸人参豆腐、冬笋、天目笋、青菜头、细粉、料酒、洋糖。烧蘑菇同）

松仁烧豆腐（豆腐捻碎，加木耳、笋丁）

松菌煨小块萝卜

香蕈饺（用刀去净里衣，糯米粽同花椒盐包好，其形如蛋饺式，上笼。又，烧香蕈炸豆腐，天目笋、冬笋）

苹　果	瓜　仁	福　桔
花生仁	风菱肉	风栗肉
炝冬笋	香蕈炒杂菜	豌豆头炒嫩腐皮
醋搂黄芽菜	四点心	鸳鸯小菜四碟

———————————

① 陀粉：坨粉。

炸棋子豆饼　　　炸馒首酥

※品物类

素燕窝（衬蘑菇丝、天目笋丝、豆腐做鸽蛋五六个，第一配招宝山紫菜）

煨木耳（蘑菇蓬、玉兰豆腐）　　烧果羹

压夹干面筋（豌豆头）　　燕笋烧菜苔

诸葛菜烩笋

小山药（台干菜、榆耳、米粉、荠菜、陀粉）又山药

香袋豆腐（蘑菇蓬、笋、鸡汤）　　烧蘑菇衬宽粉

首　乌　　　大　杏　　　金　桔

桃　仁　　　花生仁　　　卷　尖

麦穗豆腐　　烧荔枝面筋　　口蘑煨面筋泡

煨三笋　　　松菌煨小块萝卜

烧蘑菇（作肚肺，衬宽粉，或油炸面筋。炸香蕈亦可）

文师十锦豆腐　　莴苣烧燕笋　　苋菜烩嫩豆腐

苋菜拌宽粉：加红姜丝、醋、芥末。

蓬蒿烧菌子　　米果烧菜薹　　烧麒麟菜（作鱼翅）

荸　荠　　　桃　仁　　　甘　蔗

大　杏　　　花　生　　　炸秋叶豆饼

豌豆头　　　马兰头　　　炒干面筋丝

素燕窝（衬白菌丝、笋丝做，蛋黄）

蘑菇煨杂菜　　煨木耳面筋泡（蘑蓬汤）

莴苣烧酥笋　　　　香蕈烧丝瓜　　　　鲜羊肚煨笋干

白苋菜烧嫩腐皮　　荄儿菜烧腐皮丝　　榆耳荄菜烧荸荠饼

蘑菇玉兰豆腐汤　　烧山药（作黄鱼，或切片作鱼片）

樱　桃　　　　　　桃　仁　　　　　　荸　荠

瓜　仁　　　　　　炒菌子　　　　　　炒蚕豆米

炝荄菜　　　　　　豌豆头拖面炸兰花

拌粉皮　　　　　　炒　笋

口蘑煨面筋泡（或衬腐皮）

煨三笋（用蘑菇汁，一切俱用蘑菇汁做）

荷花豆腐汤（衬白菌、荄菜）

枇杷煨石耳（笋干、蘑蓬）

烧茄子（紫果叶、荄菜）　　　　　　紫果叶烧茄块

夹干面筋（荄瓜、桃仁去皮，用天目笋捆）

蘑菇烧白苋菜　　　荸荠瓤大饼（菜薹）

杂果烧冬笋

冬瓜块衬香蕈、冬笋干尖、鲜汁煨透，作汤。

小油徽烧丝瓜，加香蕈条。

枇　杷　　　　　　李　子　　　　　　花　红[①]

杏　仁　　　　　　桃　仁　　　　　　瓜　仁

炸三色卷煎　　　　炝边笋

果菜（莲子、扁豆）煨烂，加洋糖。

––––––––––––––––––––––

① 花红：沙果。

笋汁煨天花（衬青菜头、口蘑，清汤烩）

素燕窝（衬青菜头、紫菜、天花，清汤烩）

口蘑煨豆腐（豆腐改小块，白水煮，作冻豆腐式，入笋汁、蘑菇汁，清汤烩）

冬笋烧腐皮（作黄色，冬笋切菱角块）

烧黄芽菜笋尖鲜汤

冬菇（衬菠菜，冬菇要小而厚，用一样大者，入笋汤煨透，整个红烧）

冬笋烧青菜心鲜汤

面筋撕碎，入黄酒浸一时，芫荽衬，烧。

木耳烧闽笋（大小木耳煨透，闽笋尖同入白水煮烂，再入香蕈、蘑菇汤，红烧）

口蘑煨冬瓜	蘑菇烧萝卜	茭菜烧炸茄子
扁豆烧面筋泡	冬笋干煨石耳（蘑菇汤）	
栗肉烧青菜	素海带（宽粉、莲子、冬笋、口蘑）	
烧香蕈（香蕈作海参丝）		煨粉干条（作燕窝）
白　果	菱	新桃仁（去皮）
莲　子	花　生	杏　仁
榛　仁	瓜　子	毛豆米
炝松菌	三色卷煎	炸秋叶豆饼
香蕈烧杂菜	香蕈烧丝瓜	

蘑菇烧杂菜（榆耳、天目笋、笋尖、人参豆腐、水粉）

瓠大藕饼（荬菜、榆耳）　　　　　煨三笋

香袋豆腐（蘑菇、笋衣）　　　　　夹干面筋（台菜干）

毛豆米荬菜烧茄子　　　　　　　　大盘冰果

烧面筋（亦可作鲍鱼，或作肉。萝卜亦可）

炸面筋（作鱼肚）

白　果　　　　　菱　　　　　　瓜　仁

桃　仁（去皮）　大　杏　　　　莲　子

毛豆米　　　　　炝菌子　　　　炝荬瓜

虾圆豆腐（天花汤）

青菜烧米果　　　青菜烧木耳

木耳煨面筋泡（木耳煮大，用油面筋泡，切丝作衬菜）

莴苣烧冬笋　　　果　羹　　　　烧松菌

腐皮包冬笋条，作鲜蛏式

香蕈条烩腐皮丝，用蘑菇汁

素火腿（蘑菇蓬、料酒、洋糖）　　烧南瓜瓢（作鸡蛋）

石　榴　　　　　糖　球　　　　风　菱

栗　肉　　　　　风　菜　　　　豌豆头炒嫩腐皮

炝冬笋　　　　　香蕈炒鸡菜　　炸木耳

荸荠饼

香芋烧面筋

珍珠菜煮面筋（木耳同煮苏，新栗炒豆腐）

菜花头煮豆腐

瓢儿菜煮冬笋（素菜内俱须加白酒）

腐皮烧苋菜　　　口蘑面筋泡（生面筋炸）

十锦豆腐　　　　烧黄芽菜　　　青菜烧蘑菇

瓢大山药饼（台干菜用桔饼、桃仁包）

素海参（石耳、米粉）　　　　素肉圆

石　榴　　　　桔　子　　　　首　乌

风　菱　　　　油炒白果肉　　醋搂芽菜

炸棋子豆饼　　藕　果　　　　烧香蕈

素燕窝（衬紫菜、荄儿菜）　　嫩笋煨口蘑

腐皮炒笋　　　烧菌子（白花酒、姜米、秋油）

冬笋干烧豆腐干　烧冬菇（香蕈之好，嫩菇是也）

蘑菇煨腐皮棍（大抵是腐竹）　　豌豆头烧冬笋

风菜烧荔枝面筋　黄芽菜炒口蘑　炸秋叶豆饼（卷煎）

烧天花

硬面筋切片，夹油炸黄，干片再烧

糖　球　　　　石　榴　　　　青　果

金　桔　　　　炸萍果酥　　　炸面筋丝

油炸核桃仁　　烧笋丝　　　　烧蔓菜（蘑菇蓬）

蒲饼（荄儿菜、莴苣干）　　　桃　仁（香干丝）

金饯饼　　　　香　蕈（挂粉蒿菜）　笋（诸葛菜）

蘑菇煨木耳　　烧春笋　　　　文师豆腐

煎荸荠饼　　　口蘑烧面筋泡　冬笋干煨面筋

烧杂果

素三鲜（素鸽蛋：用豆渣饼削蛋式，滚以米粉，油炸。素肉圆、素鱼片、素鸡片、素海参、素火腿等）

春笋烧面筋　　　春笋菜薹　　　冬笋煨口蘑

杂素丝（洋菜、蘑尖、香蕈丝、笋丝）

烧松菌　　　　　天花煨春笋　　　烧苹果饼

——以上俱配作料。

【译】（略）

玉兰豆腐：石膏豆腐用小铜瓢舀成玉兰片式，下用蘑菇蓬，或用鲜天花、冬笋片衬。后将腐铺上，即名"玉兰豆腐"。

荷叶豆腐：盐卤豆腐劈成圆片，入油微炸，再加蘑菇、鲜笋、料酒、糖烧，即名"荷叶豆腐"。又名"醉豆腐"。

虾圆豆腐：盐卤豆腐去净皮，切汤圆式，滚水煮透，用篾筛跌圆，再下滚水煮，漂起后，用鲜汤衬菜烩。

假鸽蛋：石膏豆腐切成鸽蛋式，或先用鲜汤、作料烩素燕窝，另将鸽蛋下滚水一焯，摆碗面。

香糟豆腐。

如意卷：半干腐皮，或包米粽，或裹豆沙，或包素菜，各卷成粗笔管大，三卷合成，再用大腐皮一张，将三卷叠成"品"字，入油炸，捞起切段。

夹干面筋：面筋切两片炸透，作料烧酥，捞起，将四面硬边去净，劈成长方块。茶干亦去皮，劈成片，同面筋夹嵌，粗碟摆好，上笼蒸透。临用夹好，作配色菜，再用好作料打成粉糊，面上一浇，即名"夹干面筋"。又，夹干肉作衬菜用。

木耳炒豆芽：豆芽须去头、尾。

炸骨牌：取藕切成条，入米粉和匀，加盐，用筷钳向锅炸。

茶干圆：去硬皮，入松仁、豆粉，斸碎作圆，可煎可烩。

瓤荸荠饼：荸荠去皮，用石臼捣烂，米粉和匀，少入盐，取桔饼、核桃仁切碎包成饼，煎黄，再用作料烩。又名"大虾脯"。

兰花豌豆：取豌豆嫩头，入米粉调匀和，少加盐，用筷钳下一二枝，向麻油锅炸，切碎包成饼，煎黄，再同作料烩。又名"大虾脯"。

酥笋；笋切菱角块，鲜汤、酱油、麻油煨酥。

食菜说（傅大士传）：黄芽菜心略腌，拌芥末、酱油、醋。

素菜无味，须借他味以成味。

豌豆头、莴苣嫩头、菜薹头、芹菜头、菠菜头。

【译】（略）

卷三^①

特牲杂牲部

（上）

---

① 原抄本此处为"北砚食单卷三"六字。

特牲部

　　猪肉最多，可称广大教主①，宜②古人有特豚馈食之礼③，作特牲部。北砚氏④漫识⑤。

　　【译】（略）

---

① 可称广大教主：以"广大教主"这一名称来比喻和赞美猪肉之恩惠广施于众人。

② 宜：适合。

③ 特豚馈食之礼：见《论语·乡党篇》："朋友之馈，虽车马，非祭肉，不拜。"豚，即小猪。馈，进食于人，亦泛指赠送。

④ 北砚氏：童岳荐的自称。

⑤ 漫识：随手记载。

猪

　　猪每只重六七十斤者佳，金华①产者为最。婺人②以五谷饲豚，不近馊秽③之物，故其肉肥嫩而甘。肉取短肋五花肉，宜煮食，不宜片用，亦不宜炒用。煮肉加秋石④或硝少许，或枇杷核，每肉一斤用五六枚或山楂数枚，均易烂。又，煮老猪，将熟取出，水浸冷再煮，即烂。又，鲜肉未煮时用飞盐⑤腌半刻⑥，或先入水焯，去尽腥水再煮，似有一种腊味。肉有臭气，厚涂黄泥悬风处，其臭可除（用胡椒煮亦可）。春夏一切荤肴，以酒浸之其味不变。再，暑月，诸鱼肉易坏，须去尽汁，浸以麻油，不走味，入地窖中更好。厚味腻口，用白碱细条入汤一搅即取出，食者汤消。又，夏日制食物不臭：用大瓮一口，择其宽大者，中间以块灰⑦铺底，盛物放灰上，瓮口用布棉被盖之，压以重物，勿令透风，虽盛暑不坏。次日将用时，先将锅烧热，即行取入，少

---

① 金华：地名，在浙江中部偏西，钱塘江支流金华江流域。以特产"金华火腿"著名。

② 婺（wù）人：指金华人。婺，为金华一带的别称。

③ 馊秽：肮脏变质，有酸臭味。

④ 秋石：为人中白和食盐的加工品。古代亦有用人尿（多为童便）、秋露水和石膏等加工制成。

⑤ 飞盐：精盐。详见卷一"盐"条。

⑥ 半刻：一刻之半。古代以铜漏计时，一昼夜分为一百刻。半刻约当今七分十二秒。

⑦ 块灰：生石灰。

停^①变味。又，将肴馔悬井中，或放腊月熬熟猪油，经宿^②亦不变味。

【译】猪要选每头重六七十斤的为好，金华产的猪最好。金华人用五谷来饲养猪，不用肮脏变质的料喂猪，因此猪的肉肥嫩而甜。猪肉选取短肋五花肉，适合煮食，不适合片用，也不适合炒食。煮肉的时候加入少许的秋石或硝，或者加枇杷核，每一斤肉用五六枚枇杷核或山楂数枚，猪肉容易烂。另，煮老猪的时候，在肉快熟时取出，用水浸泡冷后再煮，肉即烂。另，鲜肉在未煮的时候先用精盐腌半刻钟，或者先放水里焯一下，去尽腥水后再煮，似有一种腊味。如果肉有臭味气，就将肉厚厚地涂上黄泥挂在通风的地方，臭味可以去除（用胡椒煮也可以）。春、夏季节中一切的荤料，用酒浸泡味道不会变。再有，夏天的时候，鱼肉都容易变质，一定要将鱼肉的汁水去除干净，在麻油中浸泡，这样不会走味，放入地窖里更好。如果肉味厚腻口，用白碱细条放入汤中搅一下后马上取出，吃的时候用汤来消化。另，夏天的时候制作好的食物不臭的方法：取一口大瓮，挑选宽大的，中间用生石灰铺底，将盛好的食物放灰上，瓮口用布棉被覆盖，取重物压好，不要透风，即使是盛夏也不会坏。第二天准备取用时，先将锅烧热，马上取出食物放入锅中，过

---

① 少停：过一会儿。

② 经宿：经过一夜的时间。

一会儿就会变味。另，将食物挂在井中，或放腊月熬的熟猪油，经过一夜的时间也不会变味。

红煨肉

或用甜酱可，酱油亦可；或竟①不用酱油、甜酱，每肉一斤用盐三钱，纯酒煨之；亦有用水煨者，但须熬干水气。三种制法皆须红如琥珀，不可加糖炒色也。早起锅则黄，当可则红，过迟则红色变紫色，而精肉②转硬。多起盖则油走，而味都在油中矣，大抵割肉须方，以烂到不见锋棱③、入口而化为妙，全以火候为主。谚云："紧火粥，慢火肉。"至哉④！

【译】做红煨肉可以用甜酱，也可以用酱油；或者酱油、甜酱全都不用，每一斤猪肉用三钱盐，用纯酒来煨制；也有用水煨制的，但一定要熬干水汽。这三种制法肉的颜色都要红如琥珀，不可以加糖炒糖色。起锅的时间早了肉的颜色黄，时间恰当了肉的颜色就红，起锅的时间过迟肉的颜色就由红色变紫色，而瘦肉就会变硬。频繁地掀盖就会走油，味道都在油中，一般要将肉切成方块，以肉烂至看不见棱角、入口即化为好，全都靠的是火候。谚语云："紧火粥，慢火肉。"说得好极了！

---

① 竟：从始至终；全。

② 精肉：瘦肉。

③ 锋棱：棱角。

④ 至哉：好极了的意思。

夹沙肉

肉切条如指大，中括一缝，夹火腿一条蒸。又，冬笋或茭白片夹入白肉片内蒸，亦名"夹沙"。

【译】将猪肉切成像手指一样大的条，中间开一缝，夹入一条火腿肉蒸制。另，将冬笋或茭白片夹入白肉片内蒸制，也叫"夹沙"。

芭蕉蒸肉

肉切块，用芭蕉叶衬笼底蒸，将熟时，浇叭哒杏仁①汁（味香美），蘸椒盐。

【译】将猪肉切块，用芭蕉叶衬笼底蒸制，在肉快熟时，浇上巴旦杏仁汁（味道香美），蘸椒盐吃。

干菜蒸肉

白菜、芥菜、萝卜菜、菜花头等干切段，先蒸熟；取肥肉切厚大片，拌熟②，肉易烂，味亦美，盛暑不坏，携之出路更可。

【译】将白菜、芥菜、萝卜菜、菜花头等干菜切成段，先蒸熟；再取肥猪肉切成厚的大片，拌后蒸熟，肉容易烂，味道也好。盛夏的时候不会坏，更可以携带着外出。

粉蒸肉

炒上白籼米，磨粉筛出（锅巴粉更美），重用脂油、椒

---

① 叭哒杏仁：一种甜杏仁，巴旦杏仁。

② 拌熟：应为"拌后蒸熟"。

盐同炒。又，将肉切大片烧好，入粉拌匀，上笼底垫腐皮或荷叶（防走油①）蒸。

又，将方块肉先用椒盐略揉，再入米粉周遭②粘滚，上笼拌绿豆芽（去头、尾）蒸（垫笼底同上）。

又，用精肥参半之肉，炒米粉黄色，拌面酱蒸之，下用白菜作垫，熟时不但肉美，菜亦美。以不见水故味独全，此江西人菜也。

【译】炒制上好的白籼米，磨粉后筛出（锅巴粉更好），再用大油、椒盐一同炒制。另，将猪肉切成大片烧好，放入米粉内拌匀，上笼肉的下面用腐皮或荷叶垫底（防止走油）蒸制。

另，将方块肉先用椒盐稍微揉一揉，再放入米粉内四周沾滚上米粉，上笼并拌入绿豆芽（去头、尾）蒸制（垫笼底同前）。

另，选肥、瘦各一半的肉，将米粉炒至黄色，同面酱拌后蒸制，下面用白菜垫底，熟时不但肉美，白菜也美。这菜因不见水而味道足，这是江西人的菜。

锅焖肉

整块肉（份两视盆、碗大小）用蜜少许同椒盐、酒擦透，锅内入水一碗、酒一碗，上用竹棒纵横作架，置肉于上

① 走油：食物内的油脂因挥发而消失。

② 周遭：四周；周围。

（先仰面），盖锅，湿纸护缝（干则以水润之），烧大草把一个（勿挑动）。住火少时，候锅盖冷，开看翻肉（覆肉），再盖，仍用湿纸护缝，再烧大草把一个，候冷即熟。

【译】将整块猪肉（分量根据盆、碗的大小）用少许蜜同椒盐、酒擦透，锅内倒入一碗水、一碗酒，上面用竹棒横竖搭架，将肉放在架子上（先仰面朝上），盖上锅盖，用湿纸将缝封闭（纸干了就用水湿一下）烧一个大草把（不要挑动）。火灭一会儿后，等锅盖凉了，打开看看并翻一下肉（将肉翻个），再盖上锅盖，仍用湿纸将缝封闭，再烧一个大草把，等火熄了肉就熟了。

干锅蒸肉

用小瓷钵，将肉切方块，加甜酒、酱油装入钵内，封口放锅内，下用文火干蒸之，两支香为度，不用水也。酱油与酒之多寡，相肉而行，以盖肉面为度方好。

【译】取小瓷钵，将猪肉切成方块，加入甜酒、酱油一并装入钵内，封闭钵口放入锅内，锅下用文火干蒸，燃两支香的时间就蒸好了，不用水。酱油与酒的多少，根据肉的量来定，以酱油、酒盖住肉面为标准最好。

干焖肉

每肋肉一斤（去皮）切块，宽二寸、厚二分，炒深黄色，入黄酒一杯、酱油一杯、葱、蒜、姜焖。

【译】每一斤的猪肋肉（去皮）切成两寸宽、两分厚的块，炒至深黄色，加入一杯黄酒、一杯酱油、葱、蒜、姜焖制。

盖碗装肉

放手炉①上，法与前"干蒸肉"同。

【译】放在手炉上，制作方法与前文干蒸肉相同。

黄焖肉

切小方块，入酱油、酒、甜酱、蒜头（或蒜苗干）焖。

又，切丁，加酱瓜丁、松仁、盐、酒焖。

【译】将猪肉切成小方块，加入酱油、酒、甜酱、蒜头（或蒜苗干）焖制。

另，将肉切成丁，加入酱瓜丁、松仁、盐、酒焖制。

酱切肉

切块，椒盐、甜酱、黄酒、短水②焖。

【译】将猪肉切成块，加入椒盐、甜酱、黄酒和少许水焖制。

瓷坛装肉

放砻糠③中慢煨，其法与前"干蒸肉"同，总须封口。

又，每肉一斤，酱一两，盐二钱，大小茴香各一钱，葱花三分拌匀，将肉擦遍。锅内用铁条架起，先入香油八分，

---

① 手炉：冬天暖手用的小炉，多为铜制。它是旧时中国宫廷和民间普遍使用的一种取暖工具，与脚炉相对而言。

② 短水：与前文"宽水"相对，水量很少。

③ 砻（lóng）糠：稻谷经过砻磨脱下的外壳。这里指用砻糠燃火。

盖好，不令泄气，用文火煮，内有响声，即用砻糠撒上①，微火煨，细柴亦可。大约自始至终俱要用文火，半熟取起，再敷香料，转面，仍封好。一切鸡、鸭俱可烧。

又，前酱内加醋少许，色更红。凡肉面上放整葱十根；鸡、鸭放在腹内，葱熟其肉亦熟。

又，用酒一斤、醋四两，敷用亦可。

【译】将猪肉放砻糠火中慢煨，做法与前文"干蒸肉"相同，一直要封好口。

另，每一斤猪肉，将一两酱、两钱盐、大小茴香各一钱、三分葱花拌匀，把肉整个擦遍。锅内用铁条架起，先加入八分香油，盖好盖子不要漏气，用文火煮，锅内有响声后，取砻糠来压火势，再微火煨制，用细柴也可以。大约自始至终都要用文火，肉半熟后取起，再敷上香料，将肉翻面，仍然封好不要漏气。一切鸡、鸭都可以这样烧。

另，前文酱内加少许醋，颜色会更红。在肉面上放十根整葱；鸡、鸭就将葱放在腹内，葱熟其肉也熟。

另，用一斤酒、四两醋来敷用也可以。

棋盘肉

切大方块，皮上划路如棋盘式，微擦洋糖、甜酱，加盐水、酱油烧，临起加熟芝麻掺面。

【译】将猪肉切成大方块，在皮上用刀划出纹路像棋盘

---

① 即用砻糠撒上：这里指用砻糠来压火势。

的样子，用白糖、甜酱稍微擦一下，加入盐水、酱油烧制，临起锅时加入熟芝麻屑即可。

东坡肉

同前法，唯皮上不划路耳。

【译】制作方法与前面"棋盘肉"的方法相同，唯独皮上不划纹路。

烧酒焖肉

熟肉用烧酒焖，倾刻可用，与糟肉同味。

【译】将熟猪肉用烧酒焖制，片刻的时间就可食用，与糟肉的味道相同。

白鲞樱桃肉

五花肉切丁，配鲞鱼①去鳞切小块，多加盐、酒焖，收汤。

【译】将五花肉切丁，配上去鳞切成小块的鲥鱼肉，多加些盐、酒焖制，焖熟后收汁。

菜花头煨肉

用台心菜嫩蕊微腌，晒干用之，配煨肉。荸荠去皮、鲜菌油、笋油、蝉螯、酱腐乳、蘑菇、虾米、豆豉、萝卜去皮，略磕碎萝卜、冬瓜切块，乌贼鱼块、松仁、栗肉、麻雀脯、鸭掌、笋块、梨块、山药、芋芀②、蒜头、蒜苗、茄、

---

① 鲞（xiǎng）鱼：这里指鲥鱼，号称海中最鲜的鱼。

② 芋芀（nǎi）：芋头。

笋干、咸肉块、醉鱼、风鱼。

【译】（略）

蟹煨肉

凡腌、醉、糟蟹切块，不必加盐，同肉（或肘）煨，味极其鲜美。

【译】将腌、醉、糟蟹切成块，不必加盐，同猪肉（或肘子）一同煨制，味道非常鲜美。

鲞煨肉

松鲞（去鳞）切块，俟肉烂时放入，加酱油、酒。湖广风鱼煨肉同。均须撇去浮油，汁黑而亮。

【译】将松鲞（去鳞）切成块，等猪肉烂时放入鱼，加入酱油、酒。湖广风鱼煨肉做法相同。都要撇去浮油，汤汁色黑而亮。

黑汁肉

香墨①磨汁，加酱油、酒煨肉，另有一种滋味。

【译】将香墨磨汁，加入酱油、酒煨猪肉，另有一种滋味。

茶叶肉

不拘多少茶叶，装袋同肉煨，蘸酱油。

【译】茶叶不限制数量多少，装入袋中与猪肉一同煨

---

① 香墨：中药。具有止血、消肿之功效，用以治疗吐血、衄血、崩中漏下、血痢、痈肿发背等症。

制，肉熟后蘸酱油吃。

熏煨肉

先用酱油将肉煨好，用荔壳熏之，又用作料烹之，干、湿参半，香嫩异常。

【译】先用酱油将猪肉煨好，取一部分肉用荔枝壳熏制，再用作料将另一部分肉烹制，取干、湿（两种做法的肉）各一半装盘，非常香嫩。

盆煨肉

整块肉放盆内，入葱头、酱油（不用水），干锅焖紧，用柴三把擎烧锅脐①，即烂。煨羊肉同。

【译】将整块猪肉放入盆内，下入葱头、酱油（不用水），干锅焖制，盖严锅盖，用三把木柴托起锅烧锅底，肉即烂。煨羊肉的做法相同。

老汁肉

久炖鸡、鸭、猪肉之汁，为老汁。长年②煨肉加甜酱、酱油、黄酒、茴香（吴中③酱汁肉即不但煨肉，一切家味、野味俱可煨，唯鸡、鸭各蛋及鱼腥、羊肉不可入老汁）。

【译】长时间炖鸡、鸭、猪肉的汤汁，即是老汁（也叫老汤）。全年煨肉加入甜酱、酱油、黄酒、茴香即可（吴中

① 擎烧锅脐：托起锅烧锅底。

② 长年：终年；全年。

③ 吴中：江苏苏州、扬州一带地区。

地区的酱汁肉不仅煨肉，而且一切家味、野味都可以煨，唯独鸡、鸭等的蛋及鱼、虾、羊肉不能放入老汁内）。

豆豉煨肉

鲜肉煨熟，切骰子块，加豆豉四分拌匀，再加笋丁、胡桃仁、香蕈，隔汤①煨用。面条鱼煨肉。

【译】将鲜猪肉煨熟，切成色子块，加入四分豆豉拌匀，再加入笋丁、胡桃仁、香蕈，隔水煨制。也可以加入面条鱼来煨肉。

家常煨肉

刮净，切块，俟铫②水开，逐块放下，如未放完而水停③，仍俟滚起再下，或用大虾米、千张、豆腐切条同煨。临起加好虾油半酒杯，一滚即起。煨蹄同。

【译】将猪肉刮净后切成块，等铫子中的水开后，将肉逐块放下，如肉块未放完而水不沸腾了，就等开锅再下肉块，或加入大虾米、千张、切好的豆腐条一同煨制。临起锅时加入半酒杯上好的虾油，开锅后即起锅。煨猪蹄的方法相同。

西瓜肉

夏日热酷，用西瓜瓢同煨。

① 隔汤：与水隔开。

② 铫（diào）：铫子。煎药或烧水用的器具，形状像比较高的壶，口大有盖，旁边有柄，用沙土或金属制成。

③ 水停：指由于放肉进去导致水不沸腾了。

【译】夏天酷热的时候，用西瓜瓤一同煨猪肉。

五香肉

甜酱、黄酒、桔皮、花椒、茴香擦透，盐腌三日，煨。

【译】将猪肉用甜酱、黄酒、橘皮、花椒、茴香擦透，用盐腌三天后煨制。

海蜇肉

海蜇撕大块，不必加盐，入黄酒同肉煨。

【译】（略）

鱼肚肉

鱼肚油炸配煨。

【译】将鱼肚用油炸后与猪肉配合一同煨制。

脊里肉

精肉劙碎，拖鸡蛋，配石耳煨。

【译】将瘦猪肉斩碎并蘸鸡蛋液后与石耳一同煨制。

荔枝肉

用膂肉①油膜寸块，皮面划十字纹，如荔枝式，葱、椒盐、酒腌半晌②，入沸汤，略拨动，随即连③置别器浸养。将用，加糟姜片、山药块、笋块再略煨。

又，将煮熟肉切块，划十字纹如前，油炸，配绿豆芽、

① 膂（lǚ）肉：夹脊肉。膂，脊梁骨。

② 半晌：数量词。半天。

③ 连：原抄本如此，似应为"速"。

木耳、笋，原汁煨。

又，用肉切大骨牌片，白水煮二三十滚捞起，熬菜油半斤，将肉放入炮①透撩起，放冷水一激，肉皱撩起，入锅内，用酒半斤、清酱一小酒杯、水半斤，煮烂用。

【译】用猪夹脊肉油膜改刀成寸块，皮面划"十"字纹，像荔枝的样子，用葱、椒盐、酒腌半天，下入开水中，稍微拨动一下，随即快速放在别的容器里浸养。临用时，加入糟姜片、山药块、笋块再稍微煨制一下。

另，将煮熟的肉切块，像前面一样在皮面划"十"字纹，用油炸过，配绿豆芽、木耳、笋，用原汁煨制。

另，将肉切成大骨牌片，用白水煮二三十开后捞起，熬半斤菜油，将肉放入油内炮透后撩起，放冷水中一激，肉起皱后撩起，下入锅内，用半斤酒、一小酒杯清酱、半斤水，煮烂后食用。

琥珀肉

肉以二斤半为率，切方块，用酒、水各碗半，盐三钱，酱油一酒杯，煨红。若用白酒，不必加水。

【译】猪肉以两斤半为比例，切成方块，用酒、水各一碗半和三钱盐、一酒杯酱油煨红。如果用白酒，可不用加水。

---

① 炮：烹饪技法之一，也称"爆"。

盐酒肉

每肉一斤，用木瓜酒一斤、盐五钱、硝一钱，加糖色煨。

又，肉一斤，盐三钱，加黄酒慢煨，冷用无酒味。

又，不拘冬夏，不论多少，炒去水，每肉一斤，盐三钱、黄酒十二两、丁香二粒、桂皮五分，用绢一扎入锅，锅内用竹箅①垫底，文火煨熟，汤干用。

【译】每一斤猪肉，用一斤木瓜酒、五钱盐、一钱硝，加入糖色煨制。

另，每一斤肉，加入三钱盐，用黄酒慢慢煨制，黄酒凉用不会有酒味。

另，不限制冬天还是夏天，也不限制数量多少，将肉炒去水，每一斤肉，将三钱盐、十二两黄酒、两粒丁香、五分桂皮用绢布扎好后下入锅中，锅内用竹箅垫底，用文火将肉煨熟，汤汁干后取用。

千里脯

肉切圆眼②大块。每肉一斤，酱油、醋各半斤，麻油二两，慢火煨。夏日携带出门可耐旬日③。

又，每肉五斤，入芫荽子一合，酒、醋各一斤，盐三两，葱，椒末，慢火煨熟，置透风处亦经久。不用完之肉，

---

① 竹箅（liè）：箅，通"篱"，本指古代投壶用的箭。这里竹箅指蒸物时锅底衬用的成组列的竹算子。

② 圆眼：龙眼。这里指将肉切成像龙眼一样大小的块。

③ 旬日：一旬，十天。

投老汁即不坏。

【译】将猪肉切成像龙眼一样大小的块。每一斤肉，用酱油、醋各半斤及二两麻油，用慢火煨制。夏天的时候带着出门能放十天。

另，每五斤肉，加入一合芜荽子、一斤酒、一斤醋、三两盐、葱、花椒末，用慢火煨熟，放在通风的地方可以长时间保存。未用完的肉，投入老汁里就不会坏。

盐水肉

盐水清煨，蘸蒜泥或椒末。

又，百滚盐水加花椒煮大块猪肉一复时，凉干可存半年，夏日不坏。

【译】将猪肉用盐水清煨，蘸蒜泥或花椒末。

另，用百滚盐水加入花椒将大块猪肉煮一天一夜，晾干后可保存半年，夏天也不会坏。

酱肉

干肉一层，甜酱一层，三日后取出晾干，洗去酱蒸用。

又，肉用白水煮熟，去肥肉并油丝，务净尽。取纯精肉切寸方块，腌入甜豆酱晒之。

又，肉每斤切四块，盐擦过，少时取盐拭干①，入甜酱。春秋二三日，冬间六七日取出酱，入锡镟②，加花椒、

---

① 取盐拭干：将盐擦干。

② 锡镟：也称旋子。本是温酒的器具。这里指与旋子形状相似的蒸锅。

姜、酒（不用水），封盖，隔汤慢火蒸。

又，逢小雪时，取干肉入酱缸，七日取出，连酱阴干。临用，洗去酱煮用（如不煮，可留至次年三四月）。

【译】码好一层干猪肉，抹上一层甜酱，三天后取出晾干，洗去酱后蒸制。

另，将肉用白水煮熟，去肥肉和油丝，一定要去净尽。取纯瘦肉切成一寸左右的方块，腌入甜豆酱后晒制。

另，将每斤肉切成四块，用盐擦过，过一会儿将盐擦干，下入甜酱。春秋季需要两三天，冬季需要六七天，取出酱，将肉放入旋子形的蒸锅里，加入花椒、姜、酒（不用水），封闭锅盖，隔水用慢火蒸制。

另，逢小雪节气时，取出干肉放入酱缸，七天后取出，带着酱阴干。临用的时候，洗去酱，煮后食用（如果不煮，酱肉可保存到第二年的三四月）。

酱烧肉

肉切大方块，煮八分熟，再加酱烧（梅肉用瓜子仁烧）。

【译】将猪肉切成大方块，煮至八分熟，再加入酱烧制（梅肉可用瓜子仁烧制）。

酱风肉

腊月取肉洗净，晒干，炒盐微擦，外涂甜酱半指厚，以桑皮纸封固，悬当风处。至次年三月洗去纸、酱，加酒蒸（煮亦可），味美色佳。酱肘同。

又，先微腌，用面酱酱之，或单用酱油拌郁^①，风干。

【译】腊月的时候取猪肉洗净并晒干，用炒盐稍微擦一下，外面涂上半手指厚的甜酱，用桑皮纸封闭牢固，挂在通风的地方。到了第二年三月的时候洗去纸、酱，加入酒蒸制（煮制也可以），味道好颜色漂亮。酱肘的做法与此相同。

另，先将肉微腌，用面酱腌渍，或者只用酱油来短时间腌渍，腌后风干即可。

酱晒肉

夏日，取精肉切大片，椒末和甜酱涂上，晒干，复切小块，脂油炙熟用。

【译】夏天的时候，取瘦猪肉切成大片，涂上花椒末和甜酱，晒干，再切成小块，用大油烤熟后食用。

挂肉

冬月，取蹄髈^②、肋条听用，不加盐水（或用炒盐擦），挂厨近烟处，久之煮用，颇有金华风味。

【译】冬天的时候，选取猪蹄髈、肋条备用，不加盐水（或者用炒盐擦过），挂在厨房靠近烟筒的地方，很长时间后再煮制后食用，颇有金华火腿的味道。

肉脯

精肉切片，酱油、酒煮熟，烤干或油炸，千里不坏，行

---

① 拌郁：这里作短时间的腌渍讲。

② 蹄髈：俗称肘子，就是紧挨着爪子的部分。

厨①用滚水作汤。

【译】将瘦猪肉切成片，用酱油、酒煮熟，再烤干或油炸，携带着肉脯行千里都不会坏，掌灶时用开水做汤。

雪水肉

冬雪，每十斤拌盐二两，装坛封固，次年暑月用此水煮，蝇不敢近。

【译】冬天下雪的时候，将每十斤雪拌入二两盐，装坛后封闭严实，到了第二年的夏天用此水煮肉，苍蝇不敢靠近。

雪腌肉

冬雪，用盐少许拌匀，一层肉一层雪叠实坛内，春、夏可用。

【译】冬天下雪的时候，将雪用少许盐拌匀，一层猪肉一层雪层层按实码放在坛内，到了春、夏季就可以用了。

风肉

杀猪一口，斩成八块，每块用炒盐四钱②细细擦揉，使之无微不到③，然后高挂有风无日处，偶有虫蚀，以香油涂之。夏日取用，先放水中泡一宵④再煮，水不可过多过少，以盖肉面为度。片肉时，用快刀横截，不可顺肉丝而切

---

① 行厨：犹执炊，掌灶。

② 四钱：原文如此。疑用盐太少。

③ 无微不到：指用炒盐将肉的很细微的地方都擦揉到。

④ 一宵：一夜。

也。此物惟尹府至精，常以进贡，今徐州风肉亦不及，不知何故。

又，自喂肥猪一口，宰时不可吹气，燖毛[①]，破割亦不许经水。将肉用炒盐、花椒末擦过，挂透风处，准以冬至后十日办之，经次年夏月不坏。

风鸡之法：肋下割一刀孔，去肠杂，不必去毛，腹内入盐同。

又，冬初短肋每块约四五斤，椒盐擦透，悬当风处。明春三月置柴灰缸内（防其走油无味），夏月取用，香甜精美，茶腿不及也。风猪头同。

【译】杀一头猪，斩成八块，每块用四钱炒盐细细擦揉，要将肉的很细微的地方都擦揉到，然后高挂在通风的背阴地方，偶尔有虫蚀，就用香油来涂抹。夏天取用时，先将肉放水中泡一夜后再煮，水不可过多也不可过少，盖住肉面为好。片肉时，用快刀横截，不要顺肉丝切。风肉只是尹府做得好，常用来进贡，现今徐州风肉也比不上，不知是什么原因。

另，取一头自家喂养的肥猪，宰时不可以吹气，不要去毛，破膛斩肉时也不要沾水。将肉用炒盐、花椒末擦过，挂在通风的地方，要在冬至后十天开始做，到了第二年的夏天不会坏。

---

① 燖（xún）毛：把已宰杀的猪或鸡等用热水烫后去掉毛。

风鸡的方法：在鸡的肋下割一个刀孔，去掉肠杂，不必去毛，腹内放盐的方法相同。

另，冬初的时候取猪短肋，每块约四五斤，用花椒、盐擦透，挂在通风的地方。到了明年开春三月的时候放在柴灰缸内（防止走油无味），夏天再取用，香甜味美，茶腿也比不上。风猪头的方法与此相同。

松熏肉

每肉一斤，用盐五钱、硝一钱，煮熟。挂肉，离地三尺，下用枯松针（或柏枝）、蔗皮（锉碎）燃烟，圈席围之，熏半日取下，入盐卤内浸五日再熏一次，悬当风处，随时取用。甘蔗渣晒干，取作熏料。

【译】每一斤猪肉，用五钱盐、一钱硝，煮熟。将肉挂起，要离地三尺，下面用枯松针（或柏枝）、甘蔗皮（锉碎）点燃并起烟，用席将四周围住，将肉熏半天后取下，放入盐卤内浸泡五天后再熏一次，挂在通风的地方，随时可以取用。将甘蔗渣晒干，可以作为熏料。

家香肉①

出杭州。切方块同冬笋煨，或同黄芽白菜煮，加大虾米。家香肉须用盐卤长浸得味。

又，家香肉好丑不同，有上、中、下三等，大概淡而能

---

① 家香肉：又称家乡肉。据《清稗类钞》载："家乡肉，一作加香，又作佳香，盐渍之猪肉也。"

鲜，肉可横咬者为上品，陈久即是好火腿。

【译】家香肉出自杭州。将肉切成方块同冬笋一起煨制，或同黄芽白菜一起煮，加入大虾米。家香肉要用盐卤长时间浸泡才能入味。另，家香肉好坏不同，分上、中、下三等，大概口味淡些会更鲜，肉可以横咬的为上品，时间久的就是好火腿。

辣椒肉

每肉一斤，醋一杯，盐四钱，蒸。临起加辣椒油少许。

【译】每一斤猪肉加入一杯醋、四钱盐蒸制。临起锅时加入少许辣椒油。

腌肉

冬月，用炒盐擦透肉皮，石压七日，晒。夏日，用炒盐擦肉皮令软，铺缸底，石压一夜，挂起（如见水痕再压，以不见水痕为度），悬当风处。

又，每猪肉十斤配盐一斤，肉先切条片，用手掌打四五次后，将炒盐擦上，石块压紧。次日水出，下硝少许。一日翻腌，六七日取起。夏月晾风，冬月晒日，均俟微干收用。

又，将猪肉切成条片，用冷水浸泡半日或一日，捞起，每肉一层，稀薄食盐一层，装盆，用重物压之，盖密，永不搬动。要用时，照层取起，仍留盐水。若熏用，照前法盐浸三日捞起，晒微干，用甘蔗渣同米铺放锅底，将肉排笼内盖密，安置锅上，用砻糠火慢焙之。以蔗、米烟熏肉，肉油滴下，闻气香即取出，挂有风处。要用时，白水微煮，甚佳。

又，将肉切皮①二斤或斤半块子，去骨。将盐研末，以手揾②末擦肉皮一遍。将所去之骨铺于缸底，先下整花椒拌盐一层，下肉一层，其皮向下，以一层肉一层椒盐下完，面上多盖椒盐，用纸封固，过十余日可用。如用时取出，仍用纸封固，勿令出气，其肉缸放不冷不暖之处。腌猪头同，其骨亦须去净。

【译】冬天，用炒盐擦透肉皮，再用石压七天后晒制。夏天，用炒盐擦肉皮至软后铺在缸底，用石压一夜，取出挂起（如发现有水痕就再压，以看不见水痕为止），挂在通风的地方。

另，每十斤猪肉配一斤盐，肉先切成条片，用手掌打四五次后，将炒盐擦上，用石块压紧。第二天水出来后下入少许硝。一天后翻个再腌，六七天后取出。夏天的时候在通风的地方晾，冬天的时候在阳光下晒，均等肉微干后收起备用。

另，将猪肉切成条片，用冷水浸泡半天或一天后捞起，每一层肉，撒一层稀且薄的食盐，装盆，用重物压好，盖严密封，永不要搬动。要用的时候，一层一层地取起，仍留下盐水。如果熏用，照前面方法用盐浸三天后捞起，晒至微

① 切皮：此处似应为"切成"。

② 揾（wèn）：拭，擦。

干，用甘蔗渣同米铺放在锅底，将肉排在笼内盖严密封，放在锅上，用砻糠火慢慢烤。以甘蔗渣、米燃的烟来熏肉，肉油滴下，闻到香气马上取出，挂在通风的地方。要用时，用白水微煮，非常好。

另，将肉切成两斤或一斤半的块，去骨。将盐研成末，用手把肉皮用盐末擦一遍。将所去的骨头铺于缸底，先下一层整花椒拌盐，再下一层肉，肉皮朝下，一层肉一层椒盐下完为止，表面再多撒一些椒盐，用纸将缸口封闭严实，过十多天后就可用了。如用时就取出一部分肉，仍用纸将缸口封闭严实，不要漏气，将肉缸放在不冷不热的地方。腌猪头与此方法相同，骨头也需要去净。

便腌肉

肉切薄片，椒盐揉透，三日内可用，加葱、酒蒸。

【译】将猪肉切成薄片，用花椒、盐揉透，三天内可用，加葱、酒蒸制即可。

灰腌肉

肉略腌，用粗纸二三层包好，放热灰内，三日即成火肉。

【译】将猪肉稍微腌一下，用两三层粗纸包好，放入热灰内，经过三天即成火肉。

黄泥封肉

冬日，取整方肉，厚涂黄泥，悬当风处，夏日用（肉有臭味此法可治）。

又，去腊肉耗气①：将肉洗净下锅，入新瓦或新锅砖同煮八九成熟，将汁倾去，换水再入新砖煮之。

【译】冬天，取整块的方肉，涂上厚厚的黄泥，挂在通风的地方，夏天的时候用（如果肉有臭味用此法可去）。

另，去除腊肉哈喇味的方法：将肉洗净下锅，入新瓦或新锅砖同煮至八九分熟，将汤汁倒去，换水后再入新砖再煮。

醋烹肉

每肉二斤、醋半斤、盐一两同煮，可留十日。

又，肉二斤、酒一小碗、水一小碗、酱油一小碗，加大茴数枚同煨，或加醋半碗。

【译】每两斤猪肉、半斤醋、一两盐同煮，可保存十天。

另，将两斤肉、一小碗酒、一小碗水、一小碗酱油，加几枚大茴一同煨制，或加半碗醋。

夏晒肉

夏日，用炒盐擦，用将绳密密紧扎，不留余肉在外，挂竹竿上晒干，加葱、酒蒸（煮亦可。晒肉用香油涂，辟蝇）。

【译】夏天，用炒盐将猪肉擦过，用绳密密紧扎，不

---

① 耗气：指哈喇味。

要留余肉在外面，挂在竹竿上晒干，加葱、酒蒸制（煮也可以。晒肉的时候将肉涂抹上香油，可以避苍蝇）。

蒸腊肉

腊月，肉洗净煮过，换水再煮一二次，味即淡，入深锡镟加酒、酱油、花椒、茴香、长葱蒸，别有鲜味（蒸后恐易还性[1]，再蒸一次，则味定矣。煮陈腊肉有油苾臭气[2]者，将熟以烧红炭数块淬[3]之，或寸切稻草，或周涂黄泥，一二日即去）。

【译】腊月，将洗净的猪肉煮过，换水再煮一两次，味道即淡，入深锡镟中加酒、酱油、花椒、茴香、长葱蒸制，非常有鲜味（蒸后恐容易还性，再蒸一次，则味道就稳定了。煮陈腊肉时发现有苦涩臭气，在肉即将熟的时候把几块烧红的炭投入汤汁中，或投入切成寸段的稻草，或者用黄泥涂抹周围，一两天后臭气就没了）。

腌腊肉

每肉一斤，盐八钱，擦透入缸，每三日转叠一次，二旬后用醋同腌菜卤煮，挂起晒干，随用。

【译】每一斤猪肉用八钱盐，用盐将肉擦透后装入缸中，每三天翻转一次，二十天后用醋同腌菜一起卤煮，煮熟

---

① 还性：何意不详。

② 油苾（lián）臭气：苦涩臭气。

③ 淬（cuì）：原指将金属制品加热到一定温度后放在水、油或空气中迅速冷却，以提高金属的硬度和强度。这里指将烧红的炭投入汤中。

后挂起晒干，随时取用。

甘露脯

精肉取净脂、膜，米泔水浸洗，晾干，每斤用黄酒两杯，醋少酒十分之三，酱油一酒杯，茴香、花椒各一钱，拌一复时，文武火煮干，取起炭火炙或晒。如味淡，再涂甜酱油炙，不必用麻油。羊、鹿脯同。

【译】将瘦猪肉去净肥油、筋膜，用淘米水浸泡并洗净，晾干，每斤瘦肉用两杯黄酒、比酒量少十分之三的醋、一酒杯酱油和茴香、花椒各一钱拌后腌一昼夜，再用文武火煮干，取起后用炭火烤或晒。如果味道淡，再涂抹上甜酱油后烤制，不必用麻油。羊、鹿脯的做法与此相同。

酱肉鲊

腊月制，每精肉四斤不见水，去筋膜斮细，酱油一斤半，盐四两，葱白四两切碎，花椒、茴香、陈皮各五钱为末，黄酒调和如稠粥，装坛封固。烈日中晒十余日开看，干加酒，淡加盐，再晒一二日即可用。

【译】酱肉鲊需要在腊月时制作，每四斤瘦猪肉不要沾水，去净筋膜后切细，加入一斤半酱油、四两盐、四两切碎的葱白及花椒末、茴香末、陈皮末各五钱，再加入黄酒调和成像稠粥一样，装坛封闭严实。在烈日中晒十多天后打开看，如果干就加些酒，如果淡就加些盐，再晒一两天就可以用了。

笋煨咸肉

咸肉切块，配笋块煨。风肉同。

【译】（略）

糟肉

先将肉微腌，再用陈糟坛，临蒸。糟鸡、鸭同。

又，冬月不拘何等项肉肴，皆可入糟，临用再蒸（冷用^①亦可）。

【译】先将猪肉稍微腌一下，再用陈糟坛装好，临用时蒸制。糟鸡、鸭与此方法相同。

另，冬天的时候不限制是哪一种肉，都可以入糟，临用时再蒸（当凉菜吃也可以）。

冷糟肉

先将糟用酒和稀贮坛，再将现煮熟肉切大方块，趁热布包入糟坛，一复时取出，切片冷用。

【译】先将糟用酒和稀些贮入坛中，再将刚煮熟的猪肉切成大方块，趁热用布包好装入糟坛，一昼夜后取出，切片冷用。

酒浸肉

每老酒一斤，加盐三两，下锅滚透，取出冷定贮坛，将肉块浸入，经久不坏。鸡、鸭、鹅同。

※香、麻、茶等油浸生肉片用。熟肉及鸡、鸭同。

---

① 冷用：当凉菜吃。

【译】每一斤老酒加入三两盐，下锅煮开，取出晾凉后贮入坛中，将猪肉块放入浸泡，长时间不会坏。酒浸鸡、鸭、鹅的方法与此相同。

※香、麻、茶等油浸泡生肉片用。熟肉及鸡、鸭做法与此相同。

糟蒸肉

陈年香糟滤去渣，同肉蒸。煮亦可。

【译】将陈年香糟滤掉渣滓，同猪肉一并蒸制。煮也可以。

糟烧肉

肉切小方块煮熟，配糟加酱油烧。

【译】将猪肉切成小方块后煮熟，配糟加酱油烧制。

糟拌肉

糟加甜酱，现拌白肉片。

【译】（略）

拌肉丝

熟肉切细丝，配笋、香蕈、蛋皮各丝，加酱油、盐水、葱、姜、醋拌。

【译】将熟猪肉切成细丝，配适量的笋丝、香蕈丝、蛋皮丝，再加入适量的酱油、盐水、葱、姜、醋拌匀即可。

拌肉鲊

熟肉切丁，配笋、香蕈、酱瓜各丁，加松仁、椒盐、酱油、醋拌。

【译】将熟猪肉切成丁，配适量的笋丁、香蕈丁、酱瓜丁，再加入适量的松仁、椒盐、酱油、醋拌匀即可。

茭丝拌肉

熟肉切丝，配熟茭白丝，加酱油、醋、椒盐拌。

【译】（略）

芥末拌肉

熟肉切薄片，芥末、酱油、醋拌。加宽粉亦可。

【译】（略）

拌肉片

精肉切薄片，酱油①洗净，入锅炒去血水，微白即取出切丝，配酱瓜、糟萝卜、大蒜、桔皮各丝，椒末、麻油拌，临用加醋。

【译】将瘦猪肉切成薄片，洗净，下入锅中炒去血水，肉色微白时取出切成丝，配上酱瓜丝、糟萝卜丝、大蒜丝、橘皮丝，加入花椒末、麻油拌匀，临用时加适量的醋。

拌肉脯

腿精肉去骨，切大薄片，烧酒一斤，酱油半斤，少和豆粉一拌。再用麻油二斤烧滚，逐片放入，俟熟取起，加茴香、椒末拌（皮、骨另煮，再用麻油衬底）。

【译】将猪腿上的瘦肉去骨并切成大的薄片，加入一斤

---

① 酱油：这里似指用水或油洗净，不应是用酱油。

烧酒、半斤酱油，和入少许豆粉拌匀。再用两斤麻油烧开，逐片将肉放入，熟后取出，加入茴香、花椒末拌匀即可（将猪皮、骨另煮，再用麻油衬底）。

醋烹脆骨

生脆骨入脂油煨，加醋、酱油、酒烹。

【译】将猪生脆骨用大油煨制，再加入醋、酱油、酒烹制。

拌捶肉

猪蹄切薄片，用刀背匀捶二三次，切丁入滚汤，滤出布包扭干，加糟油拌。羊腿同。

【译】将猪蹄肉切成薄片，用刀背均匀地捶打两三次，切丁后下入开水中，滤出后用布包裹扭干水分，加入糟油拌匀。羊腿的做法与此相同。

大炒京片

蛋清裹肉片，配笋片、木耳、香蕈丝、甜酱、酱油炒。又，将肉精、肥各半切成薄片，清酱拌之，入锅油炒，闻响声即将酱、水、葱、瓜、冬笋、韭菜起锅，火要猛烈。

【译】用蛋清裹猪肉片，配上笋片、木耳、香蕈丝、甜酱、酱油炒制。另，将瘦肉、肥肉各一半切成薄片，用清酱拌匀，下入锅中用油炒，听到有响声后下入酱、水、葱、瓜、冬笋、韭菜炒后起锅，要猛火炒。

肉豆

肉劃碎入油烹炒，撒盐后再加水，下黄豆。每肉三斤配豆三升，入茴香、花椒、桂皮煮干。

【译】将猪肉切碎后入油烹炒，撒盐后再加水，再下黄豆煮制。每三斤肉配三升黄豆，加入茴香、花椒、桂皮煮干水分即可。

少炒肉

肋条去上一层横肉，用第二层半精肥者，去皮切细丝，用甜酱、酱油、椒末、酒捻透[1]，下红锅[2]，三五拨即起，少加豆粉（忌用五花肉）。

又，配生梨丝炒肉。

又，炒肉丝：切细丝，去筋襻[3]皮骨，用清酱油、酒郁片时[4]，用菜油熬起白烟，变青烟之时即下肉炒匀，不停手，加豆粉，醋一滴，糖一撮，葱白、韭、蒜之类。锅内炒肉止了半斤[5]，用大火，不用水。

又，炮后用酱水加酒略煨，起锅，肉色甚红，加韭菜尤香。

又，精肉劈大薄片，水洗挤干，每肉一斤，椒末五分、

① 捻透：抓透。

② 红锅：烧红的锅。指烧得很热的锅。

③ 筋襻（pàn）：连皮带肉的筋丝。

④ 郁片时：似有略腌之意。

⑤ 止了半斤：最多半斤的意思。小锅炒肉，量不宜多，多则味道不佳。

细葱花二分、盐二钱、酱一两，将肉拌匀。锅内多放油，烧极热，将肉连炒数转，色黄肉熟，再烹以醋，将熟之肉倾加冬笋丝、腌冬芥菜丝，更佳。

【译】将猪肋条去掉上一层的横肉，选用第二层半瘦半肥的，去皮并切成细丝，加入甜酱、酱油、花椒末、酒将肉抓透，下入热锅，煸炒几下就起锅，加少许豆粉（忌用五花肉）。

又，也可配生梨丝炒肉。

另，炒肉丝：将肉切成细丝，去净连皮带肉的筋丝、皮、骨，用清酱油、酒稍微腌一下，锅下菜油熬起白烟，等到变青烟之时马上下肉炒匀，不断翻炒，加入豆粉、一滴醋、一撮糖、少许葱白、韭、蒜等。锅内炒肉最多半斤，用大火，不用水。

另，肉爆炒后用酱水加酒略煨后起锅，肉色很红，加些韭菜更香。

另，将瘦肉切成大薄片，用水洗后挤干水分，每一斤肉用五分花椒末、两分细葱花、两钱盐、一两酱，将肉拌匀。锅内多放油，烧至极热，将肉快速翻炒几下，颜色变黄肉便熟了，再烹入少许醋，将炒熟的肉装盘并加入冬笋丝、腌冬芥菜丝，味道更好。

肉酱

切大肉丁，配面筋、腐干、酱瓜各丁，脂油炒，加盐、酱少许。夏日最宜。

【译】将猪肉切成大肉丁，配上面筋丁、腐干丁、酱瓜丁，用大油炒制，加入少许盐、酱。最适合夏天食用。

大头菜炒肉

切片同炒，不加作料。

【译】将大头菜与猪肉切成片一同炒制，不用加作料。

脆片

半熟精肉片，火炙脆，蘸甜酱。

【译】将半熟的瘦猪肉片用火烤脆，蘸甜酱吃。

金钱肉

切薄片如茶杯大，铺铁网架上，加酱油、醋，两面火烤。

【译】将猪肉切成像茶杯一样大的薄片，铺在铁网架上，加入适量的酱油、醋，两面用火烤制。

糖拆肉

熟肉切长条，油炸，蘸洋糖。

【译】将熟猪肉切成长条，下入油锅中炸制，蘸洋糖吃。

糖烧肉

冰糖用水化开烧肉，用时略蘸椒盐。

【译】将冰糖用水化开后烧猪肉，食用时稍微蘸些椒盐。

油炸肉

切小方块油炸，盐水煨，可留半年。

又，取硬短肋切方块，去筋襻，酒、酱郁过，入滚油中炮炙之，肥者不腻，精者肉松。将起锅时，略入葱、蒜，微加醋烹之。

【译】将猪肉切成小方块下油锅炸制，再入盐水中煨制，可保存半年不坏。

另，取猪硬短肋切成方块，去掉连皮带肉的筋丝，用酒、酱略腌，再下入热油中爆炒，肥肉不腻，瘦肉肉松。在将要起锅的时候，加入少许葱、蒜，再烹些醋。

隔层肉

整块肉留皮、膘二层，余肉加酱油、椒末剁碎，摊皮膘上，红烧切块。

【译】将整块猪肉留下皮、膘这两层，剩下的肉加入酱油、花椒末切碎，摊在皮膘的上面，红烧时切块。

樱桃肉

切小方块如樱桃大，用黄酒、盐水、丁香、茴香、洋糖同烧。

又，油炸蘸盐。

又，外裹虾脯蒸。

【译】将猪肉切成像樱桃一样大的小方块，用黄酒、盐水、丁香、茴香、白糖一同烧制。

另，可油炸后蘸盐吃。

另，可以外面裹上虾脯后蒸制。

臊子①肉

肉切条，油炸，配木耳、香蕈、笋，亦切为条，同烧，豆粉收汤，和瓜仁、松仁、酱油、酒。并可作羹。

【译】将猪肉切成条，用油炸过，配上木耳、香蕈、笋，也要切成条，一同烧制，用豆粉收汤，加入瓜仁、松仁、酱油、酒。也可以做成羹。

喇嘛肉

脿切片（或细条），拖蛋清（一法拖椒面），用油炸黄，蘸酱油。

【译】将猪脿切成片（或细条），拖鸡蛋清（另一方法拖花椒面），用油炸黄，蘸酱油吃。

响皮肉

肉切方块，炭火炙，皮上频抹麻油，再炙酥，名"响皮肉"。如将响皮肉再煨用（隔宿则皮韧不脆，煨用甚宜），配笋片、木耳、青菜头、各色蔬菜、酱油、酒皆可。

又，凡炙肉，用芝麻末糁上，油不溢入火中。

【译】将猪肉切成方块，放在炭火上烤，皮上要频繁抹麻油，然后再将皮烤酥，称为"响皮肉"。如果将响皮肉再煨用（隔夜后皮就会韧不脆，煨用非常适宜），配笋片、木耳、青菜头、各种蔬菜、酱油、酒都可以。

另，凡在烤肉时，在肉上撒些芝麻末，油不会流入火中。

---

① 臊子：本指肉末儿。这里指将肉切成细条。

芝麻肉

肉切片油炸，蘸甜酱、芝麻末。

【译】（略）

面拖肉

面拖精肥薄片肉，加茴香、椒末，油炸。

【译】用面拖瘦肥相间的薄肉片，加入茴香、花椒末，用油炸制。

挂炉肉

短肋二斤，酱一碗，大茴末二钱，醋少许，和入酱油，锅上架上铁条四根，取前酱醋涂肉，搁铁条上，加葱白四五根，用盆盖好，不可泄气。俟油烟透出，转面再涂酱、醋及葱料。如此数回，以黄脆为度。各物先以细盐擦过，后敷作料，其味更佳。凡鸡、鹅、鸭之类，先煮熟，以蜜或糖稀抹于上，用脂油、香油入锅炸黄，取起即可也，充挂炉肉。各物须淡盐腌一时，手擦令匀，煮熟少冷，再敷糖蜜，入滚油炸，炸时火要小，炸透取起，俟冷即脆。

又，整块肉，铁叉逼炭火上，两面悬烧（或入锅膛①烧），频扫麻油、酱油。

【译】选取两斤猪短肋，将一碗酱、两钱大茴香末、少许醋，和入酱油后调匀，在锅上架上四根铁条，取前面调好的酱醋涂抹肉，搁在铁条上烤，加四五根葱白，用盆盖好，

---

① 锅膛：炉膛。

不要漏气。等有油烟透出时，将肉翻面再涂酱醋及葱料。如此很多遍，直到肉黄且脆为止。各种荤料要先用细盐擦过，随后再敷作料，味道会更好。凡是鸡、鹅、鸭等都要先煮熟，再抹上蜜或糖稀，用大油、香油入锅炸黄，取起即可，充当挂炉肉。各种荤料要用淡盐腌两个小时，用手擦匀，煮熟后晾稍凉，再抹糖蜜，入热油中炸制，炸时火要小，炸透后取起，等凉后就脆了。

另，将整块肉用铁叉叉好放在炭火上，两面都在火上烧烤（或放入炉膛内烧烤），要不断地抹麻油、酱油。

晒肉

精肉切片，摊筛上晒干，入老汁，配笋片、菜头煮。

又，薄片精肉晒烈日中，以干为度，用陈大头菜夹片干炒。

【译】将瘦猪肉切片，摊在筛上晒干，加入老汤，配笋片、菜头煮制。

另，将切成薄片的瘦肉在烈日中晒制，晒干为止，用陈的大头菜夹片一起干炒。

晒晾肉

精肉切片，贴板上，干透油炸，蘸酱油。欲烩，加闽笋片或笋干、香蕈、木耳，或加脂油、酱油、葱花烹之。

【译】将瘦猪肉切片，贴在板上，干透后用油炸，蘸酱油吃。如果想做成烩，就加入福建产的笋片或笋干及香蕈、木耳，或用脂油、酱油、葱花烹制。

灯灯肉

肉五斤，切方块入锅，加黄酒、酱油、葱、蒜、花椒，放河水，浮面一寸，纸封锅口，锅底先用瓦片铺平，烧滚即撤去火，随用油灯一盏，熏著锅脐，点一宿，次日极烂。烧猪头同。

【译】取五斤猪肉，切成方块后下锅，加入黄酒、酱油、葱、蒜、花椒，再倒入河水，水要超过肉面一寸，用纸封闭锅口，锅底先用瓦片铺平，烧开后就撤去火，随后用一盏油灯，熏锅底，油灯点一夜，第二天猪肉就非常烂了。烧猪头的方法与此相同。

湖绉烧肉

肋肉五斤，不可过肥，切长条块。麻油二斤熬滚，下肉，俟皮色黄而有皱纹即取起。少顷又入锅，加烧酒一茶杯、黄酒半斤、酱油半斤和水与肉平煮，临起少加洋糖。

【译】取五斤猪肋肉，不要太肥，切成长条块。将两斤麻油烧开，下肉，等肉皮颜色变黄且有皱纹后取起。一会儿再起锅下肉，加入一茶杯烧酒、半斤黄酒、半斤酱油和适量的水，汤面与肉平后煮制，临起锅时加少许白糖。

红烧肉

切长方块油炸，加黄酒、酱油、葱、姜汁，烧半炷香①。

---

① 半炷香：燃半炷香的时间。

又，煮熟去皮，放麻油炸过，切片蘸青酱用。鸭亦然。

又，配芋子红烧。

又，甜酱、豆豉烧方块肉。

【译】将猪肉切成长方块后用油炸，加入适量的黄酒、酱油、葱、姜汁，烧制半炷香的时间即可。

另，将肉块煮熟后去皮，放入麻油中炸过，切片蘸青酱食用。鸭子也是这样做。

另，可以将肉配上芋头红烧。

另，可以用甜酱、豆豉烧制方块肉。

红烧苏肉

酱油、酒烧好，加鲜胡桃仁、熟山药，少掺洋糖。烧肉忌桑柴火[①]。

※软皮烧肉。

※酱烧排骨。

【译】将猪肉用酱油、酒烧好，加入适量的鲜胡桃仁、熟山药，撒入少许白糖。烧肉时忌用桑柴火。

※软皮烧肉。

※酱烧排骨。

苏烧肉

取精肥得中肉十斤，温水洗净，切方块（如豆腐干式），煮五分熟，下葱、小茴、酒一斤、糖色大半杯，盐水

① 桑柴火：用桑树木材烧的火。

量下，仍将浮油撇起，入洋糖少许。

【译】取十斤肥瘦适度的猪肉，用温水洗净，切成方块（像豆腐干的形状），煮至五分熟时，下入葱、小茴香、一斤酒、大半杯糖色，酌情下入盐、水，将浮油撇起，加入少许洋糖。

骨头肉

带肉脆骨油炸，加酱油、酒。

又，肋骨一排，上铁叉，炭上烤，加酱油、酒抹。

又，排骨带肥肉少许，切方块，油炸，酱、葱、姜丝烧。

【译】将带肉的猪脆骨用油炸制，再加入酱油、酒烧制。

另，取肋骨一排用铁叉叉好，放在炭火上烤，用酱油、酒涂抹。

另，取带少许肥肉的排骨，切成方块，用油炸过，加入适量的酱、葱丝、姜丝烧制。

出油烧肉

切块，入滚水略焯，油锅爆黄色。每肉一斤，盐三钱，酒四两，加水与肉平，加桂皮、茴香，候热，撇去浮油，再加糖色。

【译】将猪肉切成块，下入开水中焯一下，再下入油锅爆成黄色。每一斤肉用三钱盐、四两酒，加水使汁与肉相平，加入桂皮、茴香，等汤汁热后撇去浮油，再加入糖色。

复汤肉

肋肉五斤，切成两三块，煮五分熟取起，冷定，汤贮别器（撇去浮油）。再将肉切方块，加酱油半斤、烧酒一斤、糖色一茶杯并煮熟，原汤均与肉平，数沸即烂。临起，少加洋糖。

【译】取五斤猪肋肉，切成两三块，煮五分熟后取起，晾凉，汤汁另贮别的容器（要撇去汤汁中的浮油）。再将肉切成方块，加入半斤酱油、一斤烧酒、一茶杯糖色一并煮熟，原汤均与肉面相平，多次开锅后肉即烂。临起锅时，加入少许白糖。

出油复汤白肉

肋肉五斤，泡洗，挤去血水，切成两三块，慢火煮熟五分取起，冷水内浸透。仍入原汤（撇去浮油），再煮二三沸，极烂，去骨，大小任切块，蘸虾油或酱油。

【译】选取五斤猪肋肉，浸泡后洗净，挤去血水，切成两三块，用慢火煮五分熟后取起，放在冷水内浸透。锅中仍入原汤（撇去汤中浮油），再将肉煮两三开后肉会非常烂，去掉骨头，切成任意大小的块，蘸虾油或酱油吃。

白片肉

须自养之猪，宰后入锅煮到八分熟，泡在汤中一个时辰取起，将猪身上行动之处薄片上桌。此是北人擅长之物菜，南人效之终不能佳。且零星市脯亦难用也。寒士①请客，宁用燕窝不用白片肉，以非多不可也。割法：须用小刀片之，以横斜碎杂为佳，与圣人"割不正不食②"一语截然相反。又，凡煮肉，先将皮上用利刀横、立割洗③三四次，然后下锅煮之，不时翻转，不可盖锅。当先备冷水一盆置锅边，煮、拔④三次，闻得肉香即抽去火，盖锅焖一刻，捞起分用，分外鲜美。又，忌五花肉。取后臀诸处，宜用快小刀劈片（不宜切），蘸虾油、甜酱、酱油、辣椒酱。又，白片肉配香椿芽米⑤，酱油拌。

【译】要选用自家养的猪，宰后入锅中煮至八分熟，泡在热水中两个小时后取起，将猪的前肩后臀运动之处的肉片成薄片上桌。这是北方人擅长的菜肴，南方人仿效始终做不好。且市面上的零星肉脯也难做到。贫穷人家请客，宁愿用燕窝也不用白片肉，不是多得不可。割肉的方法：要用小刀来片，以横片、斜片零乱一些为好，与圣人的"割不正不食"一语截然相反。另，凡是煮肉时，先用锋利的刀横、竖在皮上刮洗三四次，然后再下锅煮制，不时地翻转，不要盖上锅盖。应先准备一盆冷水放在锅边，煮、拔三次，闻得肉

---

① 寒士：指出身低微的读书人，泛指天下贫穷的百姓，也指衣单身寒的士兵。

② 割不正不食：见《论语·乡党篇》。

③ 割洗：似应为"刮洗"。

④ 拔：用冷水拔。

⑤ 香椿芽米：香椿芽切成的碎。

香后撤去火，盖锅焖一刻钟后捞起分用，肉的味道格外鲜美。另，忌用五花肉。取猪的后臀等处的肉，宜用锋利的小刀片成片（不宜切），蘸虾油、甜酱、酱油、辣椒酱吃。另，白片肉配上香椿芽米，用酱油拌后食用。

文武肉

肉切方块，火腿亦切方块，火煨。

【译】将猪肉切成方块，火腿也切成方块，一同上火煨制。

烧肉

衬鸡肫①片，作料烧。

又，冬笋、腌芥菜烧。

【译】将猪肉用作料烧制好，衬熟鸡肫片上桌。

另，将猪肉用冬笋、腌芥菜一同烧制。

※煨腌肉

用青菜、茄子、瓠子、茭白、冬瓜得味。

【译】（略）

家常烧肉

肋条五斤，刮净切块，入锅煮滚，取出再洗。另入锅，少加水煮二三沸，用酱油半斤，慢火烊烂，加糖色半酒杯或洋糖少许。

【译】取五斤猪肋条，刮净后切成块，下入锅中煮开，

---

① 鸡肫：鸡胗。

取出后再洗。另起锅下入肉，加少许水煮两三开，加入半斤酱油，用慢火将肉烀烂，加入半酒杯糖色或者是少许白糖。

杨梅肉圆

肉劗极细，和酱油、豆粉作圆，如杨梅大，油炸。配酱烧荸荠片。

【译】将猪肉切得极细，和入酱油、豆粉做成丸子，像杨梅一样大，用油炸熟。配酱烧荸荠片上桌。

烩肉圆

荸荠去皮敲碎，和肉劗圆，烩。

【译】将荸荠去皮并敲碎，和入切碎的猪肉中做成丸子，上锅烩制。

八宝肉圆

用精肉、肥肉各半，切成细酱，用松仁、香蕈、笋尖、荸荠、瓜、姜之类切成细酱，加芡粉和捏成团，放入盆中，加甜酒、酱油蒸之，入口松脆。

【译】用瘦肉、肥肉各一半，切成细酱，用松仁、香蕈、笋尖、荸荠、瓜、姜等料切成细酱，加入芡粉调和匀捏成团，放入盆中，加入甜酒、酱油蒸制，入口松脆。

煎肉圆

连膘切丁头块，入松仁、藕粉劗圆，如胡桃大，油炸黄色，蘸油（或加酱油、葱、椒烹亦可）。

【译】将猪肉连膘切成丁头块，加入松仁、藕粉斩碎做成团，像胡桃一样大，用油炸至黄色，蘸油（或加入酱油、葱、花椒烹制也可以）吃。

如意圆

肉切方块挖空，内填松仁、瓜子仁、椒盐等馅蒸。

又，取精肉、肥肉略劗，加豆粉和圆，如茶杯大，油炸，名"大劗肉圆"。

【译】将猪肉切成方块并挖空，里面填入松仁、瓜子仁、椒盐等馅后蒸制。

另，取瘦肉、肥肉略切，加入豆粉调和后做成团，像茶杯一样大，用油炸熟，称为"大劗肉圆"。

空心肉圆

将肉捶碎郁过，用冻脂油一小团作馅子，放在圆内蒸之，则油流去而圆子空心矣。此法镇江人最善。

【译】将猪肉捶碎并腌过，用一小团冻大油作为馅，放在肉团内蒸制，油就会流出去而肉团是空心的。这种方法镇江人最拿手。

水龙子

精肉二分、熟①一分，劗绒②，入葱、椒、杏仁、酱，再加干蒸面粉和匀，以醋蘸手，制为肉圆，豆粉作衣③，如圆

---

① 熟：疑应为"肥"。

② 劗绒：剁成茸。

③ 豆粉作衣：用豆粉在肉丸的外表涂上一层薄糊。

眼大，沸汤下，才浮即起，用五辣醋供。

【译】取瘦猪肉两分，肥猪肉一分，一并剁成茸，加入葱、花椒、杏仁、酱，再加干蒸面粉和匀，用醋涂在手上，把拌匀的肉馅做成丸子，用豆粉在肉丸的外表涂上一层薄糊，像龙眼一样大，开水下锅，丸子浮起即捞出，配五辣醋供食。

猪肉圆①

将猪板②切极细，加鸡蛋黄、豆粉少许，和酱油、酒调匀，用勺取入掌，搓圆，下滚水中，随下随捞。香菇、冬笋俱切小条，加葱白，同清肉汁和水煮滚，再下油圆，取起用之。

【译】将猪板油切得极细，加入少许鸡蛋黄、豆粉，和入酱油、酒调匀，用勺取入手掌中，搓成团，下入开水中，随下随捞。将香菇、冬笋都切成小条，加入葱白，同清肉汁和水煮开，再下油圆，盛出食用。

徽州③肉圆

精、肥各半切细丁，加笋丁、香蕈丁、花椒、姜米，用藕粉和圆蒸（名"石榴子肉圆"）。或切方块挖空（与"如意圆"同法），裹以上各种为馅蒸。

----

① 猪肉圆：从后文内容看，应为"猪油圆"。

② 猪板：猪板油。

③ 徽州：辖境相当今安徽歙县、休宁、祁门绩溪、黟县及江西婺源等地，1912 年废。《调鼎集》中以徽州地名命名的菜肴，尚有若干。

【译】将瘦猪肉、肥猪肉各一半切成细丁，加入笋丁、香蕈丁、花椒、姜米，用藕粉和入做成团蒸制（名"石榴子肉圆"）。或切成方块将中间挖空（与"如意圆"的做法相同），裹以上各种料做成的馅进行蒸制。

米粉圆

上白籼米炒熟，磨粉细筛，劗肉，加酱油、酒、豆粉作圆，用芋头切片（或苋菜）铺笼底，先摊米粉一层，置肉圆于上，又加米粉一层盖面蒸。或不作肉圆，即将攒肉①置粉内，蒸干熟切片。或将米拌于肉内同攒成圆切可。

【译】将上好的白籼米炒熟，磨成粉后细筛，切肉，加入酱油、酒、豆粉做成团，将芋头切片（或用苋菜）铺在笼底，先摊一层米粉，将肉团放在米粉上，再加一层米粉来盖面后进行蒸制。或者不做成肉团，将切碎的肉放在米粉内，蒸干熟后切成片。或将米拌在肉中一同攒成团后刀切即可。

徽州芝麻圆

肉切碎略攒，加酱油、酒、豆粉作圆，外滚黑芝麻、椒盐，笼底铺腐皮蒸。

【译】将肉切碎攒一下，加入酱油、酒、豆粉做成团，外面裹上黑芝麻、椒盐，将肉团放在铺在笼底的腐皮上蒸制。

---

① 攒（cuán）肉：攒起切碎的肉。

※徽州面鱼

肉三斤切骨牌片，冬笋三斤切厚片，大虾米五两熬汤，木瓜酒三斤，甜酱油二斤，白盐三钱，白面二斤以热水剂，摘如白果大，用米箩、或桌上将面剂在米箩然滚，即成空心长条①。锅内烧滚水，做成面鱼下滚水内，微有熟色即行搭起②，用油炸透。先将肉片用香油炒微黄，将白盐再炒，加瓜酒、酱油同煮，留半汤入冬笋、虾米煮，俟汤干，加虾米汤两碗，并面鱼放下，俟面熟肉烂，可起锅也。

【译】将三斤猪肉切成骨牌片，三斤冬笋切成厚片，五两大虾米熬汤，三斤木瓜酒，两斤甜酱油，白盐三钱，两斤白面用热水做成面剂子，做成像白果一样大，用米箩，或在桌上将面剂子在米箩上滚，即成空心的长条。锅内烧开水，做好的面鱼下入开水内，微微有熟色马上捞出，用油炸透。先将肉片用香油炒至微黄，加白盐后再炒，加入木瓜酒、酱油一同煮，留一半汤下入冬笋、虾米进行煮制，等汤干后，加两碗虾米汤，并下入面鱼，等面熟肉烂后即可起锅。

糯米肉圆

肉切碎略攒（同上），外滚淘净糯米，笼底铺腐皮蒸，以米熟为度。

【译】将肉切碎并稍攒一下（同上），肉外面滚上洗净

---

① 空心长条：这里空心面条的制法似未交代清楚。一般制法是：在面剂子中裹入一小团猪板油，再滚成长条。待面条入开水后，猪板油溶化，面条便成空心的了。

② 即行搭起：马上捞出。

的糯米，将肉团放在铺在笼底的腐皮上蒸制，直到将米蒸熟为止。

香袋肉

脊肉、精肉劗绒，网油作卷，外用鸡、鸭肠缚如竹节，风干，油炸，切段如香袋式，红汤煨。

【译】将猪脊肉、瘦肉剁成茸，用网油做卷，外面用鸡、鸭肠绑成竹节的样子，风干后用油炸熟，切成像香袋一样的段，用红汤煨制。

葱嵌肉

精肉切大骰子块，中嵌葱梗一条，烩。

【译】（略）

南瓜瓤肉

拣圆小瓜（去皮）挖空，入碎肉、蘑菇、冬笋、酱油蒸。冬瓜同。

【译】挑选圆的小南瓜（去皮）挖空，加入碎肉、蘑菇、冬笋、酱油进行蒸制。冬瓜的做法与此相同。

小茄瓤肉

茄挖空，瓤各种馅蒸。

【译】（略）

笋瓤肉

鲜大笋取中段，通节大薄片肉①，鲜汤灌满，加酱油、

---

① 通节大薄片肉：将大薄片肉瓤在笋节内。

酒、香蕈，仍用笋签口，煨一炷香，干装。

【译】鲜大笋取中段，将大薄片肉瓤在笋节内，用鲜汤灌满，加入酱油、酒、香蕈，仍用笋签住口，煨一炷香的时间，干后装盘。

蛋皮包肉

蛋皮裹肉圆蒸透，作衬菜。

【译】（略）

蛋卷肉

蛋皮摊碎肉卷好，仍用蛋清糊口，脂油、洋糖、甜酱和烧。

【译】（略）

缠花肉

同前法，切段油炸，干装。

【译】（略）

肉松

肉、酱油、酒煮熟，烘干手撕极细，配松仁米。

【译】（略）

腐皮披卷

劗肉入果仁等物，用腐皮卷，油炸，切长段。烩亦可。

【译】（略）

肉馅卷酥

劗肉加笋衣烧作馅，油面包卷，入脂油炸酥。

【译】（略）

肉馅煎饼

炒肉丝与葱白丝，和面卷作长饼，两头捻缝，浮油煎红焦色。或熯①熟，五辣醋供。

※此等俱宜分入点心数。

【译】将炒好的肉丝与葱白丝，和入面卷做成长饼，两头捻严实，在浮油中煎至红焦色。或烘烤熟，配五辣醋供食。

※这些都适合分入点心数。

肉馅粉饺

肉丝加蒜花烧作馅，米粉包饺，蒸（面饺同）。

又，五色面作小饼。粉亦可。

【译】肉丝加蒜花烧成馅料，用米粉包饺，蒸熟即可（面饺同）。

另，用五色面做成小饼。粉也可以。

五色糕

先起下肉皮，铺于笼底，上摊斸肉略蒸，加鸡蛋清和匀再蒸。面上入葱花（头白管青）、绿橙丝、红黄蛋皮丝（加红花少许摊染红色）。蒸熟，切象眼块。

【译】先起下肉皮，铺在笼底，上摊斩好的肉略蒸，加入鸡蛋清和匀后再蒸。表面上撒入葱花（头白叶青）、绿橙

---

① 熯（hàn）：烘烤。

丝、黄蛋皮丝、红蛋皮丝（加少许红花摊后即染红色）。蒸熟后切成象眼大小的块。

肉丝烧卖

肉丝为君[①]，少配萝卜丝（滚水炸[②]过），加酱油、葱丝烧作馅，做烧卖蒸。春饼同。

【译】以猪肉丝为主，少配萝卜丝（开水汆过），加入酱油、葱丝烧后做馅，做成烧卖蒸制。春饼的做法与此相同。

肉丝粉盒

肉丝加笋衣、盐、酒、葱花烧作馅，米粉包盒蒸。

【译】将猪肉丝加入笋衣、盐、酒、葱花烧后做馅，用米粉包成盒后蒸制。

椒肉面

肉切小丁，酱油、酒、椒末焖作浇头[③]，鸡汤下面。

【译】将猪肉切成小丁，用酱油、酒、花椒末焖好作为浇头，用鸡汤来煮面条。

西椒面

肉切小丁，酱油、酒焖作浇头，鸡汤打蛋花，加盐、醋、酒下面。

---

① 为君：为主。

② 炸：在这里作"汆"讲。

③ 浇头：浇在面上带卤的菜肴。

【译】将猪肉切成小丁，用酱油、酒焖好作为浇头，在鸡汤中打入蛋花，加入盐、醋、酒后煮面条。

卤子面

嫩肉去筋、骨、皮，精、肥半斤（分置二器），俱切骰子块。水、酒各半（汤不可宽）烧滚，先下肥肉，次下精肉。半熟时，将胰油研捣成膏，和酱倾入。次下椒末、砂仁末，又下葱白，临起锅调豆粉作糨^①。北方作面浇头，是为卤子面。

【译】将猪的嫩肉去筋、骨、皮，瘦肉、肥肉各半斤（分别放在两个容器里），都切成色子块。将各一半的水、酒（汤不可以多）烧开，先下肥肉，再下瘦肉。等肉半熟时，将研捣成膏的胰油和入酱并倒入锅中。再下花椒末、砂仁末，另外下入葱白，临起锅时调豆粉作稠芡。北方做的面浇头，实际是卤子面。

饭肉

白米和肉各一半，同煮，去肉食饭。

【译】（略）

盐腌肉

鸡、鸭等肉，上下用盘热盐^②腌一复时用，夏月更宜。

【译】将鸡、鸭等肉上下用热盐盘腌一昼夜后用，夏天

---

① 糨（jiàng）：指液体很稠。这里指勾浓稠芡。

② 盘热盐：热盐盘。盛热盐的盘。

更适合制作。

酒炖肉

新鲜肉一斤，刮洗干净，入水煮滚一二次取出，改成大方块。先以酒同水炖有七八分熟，酱油一杯、花椒、葱、姜、桂皮一小片，不可盖锅，俟将熟，始加盖焖之，以熟为止。

又，或先用油、姜煮滚，下肉，令皮略赤后用酒炖，加酱油、葱、椒、姜、香蕈之类。又，或将肉切块，先用甜酱擦过，才下油烹之。

【译】将一斤新鲜的猪肉刮洗干净，下入水煮开一两次后取出，改刀成大方块。先用酒同水炖至七八分熟，加入一杯酱油、花椒、葱、姜、桂皮各一小片，不要盖盖，等肉即将熟时，再开始盖盖焖制，直到肉熟为止。

另，或先用油、姜煮开，再下肉，使皮略红后用酒炖制，加些酱油、葱、花椒、姜、香蕈。另，或者可以将肉切成块，先用甜酱擦过，再下油锅中烹制。

腌熟肉

凡熟鸡、猪等肉，欲久留以待客，鸡当破作两半，猪肉切作条子中间破开数刀，用盐及内、外割缝擦作极匀，但不可太咸。入盆用蒜头捣烂和好，米醋泡之，石压，日翻一遍，二三日捞起，略晾干。将锅抬起，用竹片搭十架于灶内，或铁丝编成更妙，将肉排上，仍以锅复之，塞密烟灶，内用粗糠或湿甘蔗粕①火熏之，灶门用砖堵塞，不时翻弄，以香为度。取起，收新坛内，冂盖紧，日久不坏而且香。

【译】凡是熟鸡、猪等肉，想长时间保存来待客，将鸡劈成两半，猪肉切成条且中间破开几刀，用盐将肉的内、外及割缝擦均匀，但不要太咸。放入盆中用捣烂的蒜头和匀，加入米醋浸泡，用石压好，每天翻一遍，两三天后捞起，稍微晾干。将锅抬起，用竹片在灶内搭成十字架，或者用铁丝编成十字架更好，将肉放上，要用锅覆盖，将烟灶封闭严实，里面用粗糠或湿甘蔗渣火来熏，灶门用砖堵塞，不时地翻弄，直到冒出香气为止。将肉取出，收入新坛内，盖紧坛口，长时间不会坏而且香。

肉松

用猪肉②后腿整个，武火③煮透，切大方斜块，加香蕈，用原汤煮极烂。将精肉撕碎，加甜酱、酒、大茴末、洋糖少许，同肉下锅，慢火拌炒，至干收贮。

【译】将整个的猪后腿用大火煮透，切成大的斜方块，加入香蕈，用原汤将后腿煮至非常烂。将瘦肉撕碎，加入少许甜酱、酒、大茴香末、白糖，同肉下锅用慢火拌炒，直到将肉炒干后收贮。

---

① 甘蔗粕：甘蔗渣。粕，糟粕。

② 猪肉：应为"猪"。"肉"字衍。

③ 武火：大火。

清蒸肉

肉切薄片蒸熟，蘸椒盐。

【译】（略）

肉脯

精嫩肉十斤，切大块，加酱油一小碗、盐五两、香油四两、酒二斤、醋一斤，泡一复时入锅。将原汁添水少许，子母汤①煮七分熟，加葱五根，姜丝，大茴、花椒各五钱，醋一斤半，盖好煮十分熟，取起晒干，暑月不坏。牛、羊、鹿脯同。

又，每肉二斤，切大块，去皮入盒，以微盐、姜丝先腌一时，捏干，加酱油、醋各半碗，盐二钱，大茴、花椒末各一钱，酒、水各一斤，慢火煮极烂，烘干，瓷瓶收贮。要色红，每肉二斤入酱半斤，不用酱油及盐，则红而有味。加醋一碗亦可。

【译】将十斤猪的瘦嫩肉切成大块，加入一小碗酱油、五两盐、四两香油、两斤酒、一斤醋，浸泡一昼夜后下锅。将浸泡肉的原汁添少许水，用子母汤煮至七分熟，加入五根葱、姜丝、五钱大茴香、五钱花椒、一斤半醋，盖好盖后煮至十分熟，将肉取起晒干，夏天不会坏。牛、羊、鹿脯的制法与此相同。

另，每两斤肉切成大块，去皮后入盒，用少许盐、姜

---

① 子母汤：似指浸泡肉的原汁加适量的水成子母汤。

丝先腌两个小时，取出捏干，加入半碗酱油、半碗醋、两钱盐、一钱大茴香、一钱花椒末、一斤酒、一斤水，用慢火煮至非常烂后烘干，用瓷瓶收贮。如果想让肉颜色红，每两斤肉加入半斤酱，不用酱油和盐，肉的颜色红且有味。加一碗醋也可以。

扣肉

肉切大方块，加甜酱，煮八分熟取起，麻油炸，切大片，入花椒、整葱、黄酒、酱油，用小瓷钵装定，上笼蒸烂。用时覆入碗，皮面上。

【译】将猪肉切成大方块，加入甜酱，煮至八分熟后取起，用麻油炸后切成大片，加入花椒、整葱、黄酒、酱油，用小瓷钵装好，上笼蒸烂。食用时再装入碗中，皮面朝上。

蛋肉

肉内酌①入去壳熟鸡蛋同煨，或倾入打稠散蛋②煨，均得味。

【译】肉里酌量加入去壳的熟鸡蛋一同煨制，或者倒入打散的鸡蛋液一同煨制，都会很入味。

哈拉巴③

取猪尾豚④或酱、或风，蒸用。

---

① 酌：酌量。

② 稠散蛋：打散的鸡蛋液。

③ 哈拉巴：满语。猪尾巴。

④ 豚：疑为"臀"之误。

【译】选取猪尾巴或者酱、或者风干，再蒸制后食用。

◎ 猪头 ◎

煨猪头

治净。五斤重者，用甜酒三斤；七八斤重者，用甜酒五斤。先将猪头下锅同酒煮，下葱三十根、八角三钱，煮二百余滚，下酱酒一大杯、糖一两，候熟后试尝咸淡，再将酱油加减，添开水要浮过猪头一寸，上压重物，大火烧一炷香，退出大火，用文火细煨收干，以腻①为度，即开锅盖，迟则走油。

又，打木桶一个，中用铜帘②隔，将猪头洗净，加作料焖入桶中，用文武火隔汤蒸之，猪头熟烂而其腻垢③悉从桶外流出，亦妙。

【译】将猪头整治干净。五斤重的猪头，要用三斤甜酒；七八斤重的猪头，用五斤甜酒。先将猪头下锅与酒同煮，下入三十根葱、三钱八角，煮两百多开，再下入一大杯酱油、一两糖，等猪头熟后尝尝咸淡，再考虑酱油是多放还是少放，添开水时要使液面超过猪头一寸，上面压好重物，

① 腻：这里指汤汁黏稠。

② 铜帘：铜制的帘，在桶内起隔开的作用。

③ 腻垢：污垢。

大火烧一炷香的时间，退出大火，用文火慢慢煨制并收干汤汁，以汤汁黏稠为止，即打开锅盖，晚了则会走油。

另，打一个木桶，中间用铜帘隔开，将猪头洗净，加入作料焖入桶中，用文武火隔水蒸制，猪头熟烂且污垢都从桶中流出，非常好。

蒸猪头

猪头治净后，再用滚水泡洗，外用盐擦遍，暂置盆中二三时。锅内放冷水，先滚极熟，后下猪头，所擦之盐不可洗去，煮三五滚捞起，以净布揩干内外水气。用大蒜捣极细（如有鲜柑花①更妙）擦上，内外务必周遍，置蒸笼内蒸烂，将骨拔去，切片，拌芥末、花椒、蒜、醋用。

又，猪头悉如前法制好，里面用连根生葱塞满，外面用好甜酱抹匀一指厚，用木棒架于锅中，底下放水，离猪头一二寸，不可淹着，以大瓷盆复盖，周围用布塞紧，勿令稍有出气，慢火蒸至极烂，取出葱，切片用之。

【译】将猪头整治干净后，再用开水浸泡并洗净，外皮用盐全擦遍，暂时放在盆中两三个时辰。锅内放冷水，先煮开，后下入猪头，不要洗去所擦之盐，煮三五开后捞起，用干净的布擦干猪头内外的水汽。用捣得极细的大蒜（如果有鲜柑橘花更好）擦上，猪头内外一定要全部擦一遍，放入蒸笼内蒸烂，去骨，切成片，拌入芥末、花椒、

① 柑花：柑橘花。

蒜、醋等食用。

另，将猪头全部按照前面的方法整治好，里面用带根的生葱塞满，外面用上好的甜酱抹匀，要抹一手指厚，用木棒架在锅中，底下放水，水面距离猪头一两寸，不要淹着猪头，用大瓷盆覆盖，周围用布塞紧，不要让其泄漏出一点儿气，用慢火将猪头蒸至很烂，取出葱，将猪头肉切成片食用。

锅烧猪头

猪头一个治净，入滚水一焯取起。甜酱一斤，大茴、花椒各一钱、姜末、细葱各三钱，共入盆内拌匀，将猪头内外擦遍。铁锅底先放铁条数根排匀，猪头架于铁条上，盆中拌好之酱用水二钟①洗下，水俱倾入锅内，以大盆盖上，盆口用腐渣封固，微火煨半日即烂。甜酱内加盐二两。又，烧猪头大块。

【译】将一个猪头整治干净，下入开水中焯后取起。将一斤甜酱、一钱大茴、一钱花椒、三钱姜末、三钱细葱，一同下入盆中拌匀，将猪头内、外全擦遍。在铁锅底部先放上多根铁条并码匀，将猪头架在铁条上，将盆中拌好的酱用二钟水洗下，酱水全部倒入锅内，用大盆盖好，盆口用豆腐渣封闭严实，小火煨制半天后猪头即会煨烂。甜酱内要加二两盐。另，烧制时也可将猪头斩成大块。

―――――――――

① 钟：古代器具名称，即圆形壶。

醉猪头

猪头两个治净，拆肉去骨，切大块。每肉一斤，花椒、茴香末各五分，细葱白二钱，盐四钱，酱少许，拌肉入锅，文武火煮。俟熟，以粗白布作袋，将肉装入扎好，上下以净板夹着，用石压三二日，拆开布袋，再切寸厚大牙牌块，与酒浆间铺，旬日即美绝伦。用陈糟更好。

【译】将两个猪头整治干净，去骨拆肉，将肉切成大块。每一斤肉用五分花椒末、五分茴香末、两钱细葱白、四钱盐、少许酱，用以上调料将肉拌匀后入锅，用文武火煮制。等肉熟后，用粗白布做成袋，将肉装入布袋并扎好，布袋上、下用干净的木板夹好，用石压两三天后拆开布袋，再将肉切成一寸厚的大牙牌块，放在酒里，十天后美妙绝伦。如果用陈糟会更好。

烂猪头

猪头未劈之前，用草火熏去涎①，刮洗净，入白汤②煮五六次，不加盐，取起切柳叶③片长段，葱丝、韭芽、笋或茭白丝、杏仁、芝麻，以椒盐拌酒洒匀，上锡镟蒸。可卷薄饼。

【译】在猪头未劈之前，用草火熏去猪头表面的黏液

---

① 涎：猪头表面的黏液及猪嘴内外的涎水。

② 白汤：不加作料的汤。

③ 柳叶片：形似柳叶，一般长5厘米、厚1.5毫米，一头尖，一头宽。

及猪嘴内外的涎水，刮洗干净，下入白汤煮开五六次，不加盐，将猪头取起后切成像柳叶片的长段，加入葱丝、韭芽、笋或茭白丝、杏仁、芝麻，用花椒盐拌酒并洒匀，上锡镟蒸制。可以卷薄饼吃。

炖猪头

猪头治净，煮熟，去骨切条，加砂糖、花椒、桔皮、甜酱拌匀，重汤炖①。

又，切大块，水、酒各半，加花椒、盐、葱少许，入瓷盆，重汤炖一宿。临起加糖、姜片、橙桔丝。

【译】将猪头整治干净，煮熟后去骨切成条，加入砂糖、花椒、橘皮、甜酱后拌匀，隔水炖制。

另，将猪头切成大块，加入水、酒各一半，再加少许的花椒、盐、葱拌匀，放入瓷盆，隔水炖制一夜。临起锅时加入糖、姜片、橙丝或橘丝。

猪头糜

配生山药，或将糯米擂碎，同炖，即成糜。

【译】（略）

蒸猪头

猪头去眼、鼻、耳、舌、喉五臊，治净剔骨。每斤用酒五两、酱油一两五钱、盐二钱，葱、姜、桂皮量加。锅底先将瓦片磨光拼紧如冰纹，又置竹架，肉放竹架上，不使近

———————————
① 重汤炖：隔水炖。

铁，盖锅，用纸封口，一根柴缓烧。瓦片须用肉汁煮过，愈久愈妙。

【译】将猪头去眼、鼻、耳、舌、喉五个部位，整治干净并剔骨。每斤猪头肉用五两酒、一两五钱酱油、两钱盐，葱、姜、桂皮酌量加入。锅底先将瓦片磨光并拼紧像冰纹一样，瓦上再放好竹架，将肉放在竹架上，不要让肉沾到铁，盖上锅盖，用纸封口，取一根木柴慢慢地烧。瓦片一定要用肉汤煮过，煮的时间越长越好。

陈猪头

烧烂去骨，松鲞^①冻。

【译】（略）

猪头膏

煨烂取起，去骨，配栗丁、香子仁、香蕈丝、木耳丝、笋丁，摊匀用布包，压石成膏，切片。

【译】将猪头煨至烂熟后取起，去骨，加入栗丁、香子仁、香蕈丝、木耳丝、笋丁，摊匀后用布包好，用重石压成膏，压好取出切片即可。

派猪头

煮极烂，入凉水浸。

又，煮不加作料，劈片蘸椒盐。

【译】将猪头煮至烂熟，放入凉水中浸泡。

---

① 松鲞：干鱼。

另，猪头煮的时候不要加作料，煮好切成片蘸椒盐吃。

红烧猪头

切块，将猪首治净，用布拭干，不经水，不用盐，悬当风处。春日煮用。

※松仁烧猪头。

【译】将猪头整治干净，切成块，用布擦干，不要沾水，不用盐，挂在通风的地方。春天的时候煮熟食用。

※松仁烧猪头。

糟猪头

配蹄爪煮烂，去骨糟。糟猪脑亦同。

【译】（略）

煮猪头

治净猪首，切大块。每肉一斤，椒末二分、盐、酱各二钱、将肉拌匀。每肉二斤用酒一斤，瓷盆盖密煮之（眉公[①]制法）。

又，向熏腊店熟猪头[②]（红白皆有，整个、半边听用），复入锅，加酱油、黄酒，熟透为度。如买蹄、肘、鸡、鸭等用同。

【译】将猪头整治干净，切成大块。每一斤肉用两分花椒末、两钱盐、两钱酱把肉拌匀。每肉两斤用一斤酒，装入

[①] 眉公：指明朝人陈继儒，字仲醇，号眉公、麋公，松江府华亭（今上海市松江区）人。明朝文学家、画家。

[②] 向熏腊店熟猪头：似应为"向熏腊店买熟猪头"。

瓷盆盖严实后煮制（这是陈继儒的做法）。

另，从熏腊店买来熟猪头（熟猪头红色的、白色的都有，整个的、半边的备用），再一下锅，加入酱油、黄酒煨制，直至熟透为止。如果买来猪蹄、猪肘、鸡、鸭等做法相同。

◎ 猪蹄 ◎

煨猪蹄

猪蹄一只不用爪，白水煮烂，去汤。用酒一斤、清酱一酒杯半、陈皮一钱、红枣四五个煨烂。起锅时，用葱、椒、酒泼之，去陈皮、红枣。

又，先用虾米熬汤代水，加酒、酱油煨之。

又，蹄髈一只先煮熟，用素油炸皱其皮，再加作料红煨。有先掇①其皮，号称"揭单被"。

又，蹄髈一只，两钵合之，加酒、酱油隔水蒸之，以二炷香为度，号"神仙肉"。

【译】取一只猪蹄不用爪（肘子），用白水煮烂，去掉汤。用一斤酒、一酒杯半清酱、一钱陈皮、四五个红枣将猪蹄煨烂。起锅时，泼入葱、椒、酒，去掉陈皮、红枣。

另，先用虾米熬汤代水，加酒、酱油煨制猪蹄。

① 掇（duō）：摘取。

另，取一个猪肘子先煮熟，用素油炸至猪皮起皱，再加入作料红煨。有先揭去猪蹄皮的，称为"揭单被"。

另，取一个猪肘子，两钵合在一起，加入酒、酱油隔水蒸制，蒸两炷香的时间，称为"神仙肉"。

糖蹄

盐腌晾干，加洋糖、酒、茴香、花椒、葱红煨。

【译】（略）

酱蹄

仲冬①时，取三斤重猪蹄②，腌三四日，甜酱涂满，石压，翻转又压。约二十日取出，拭净，悬当风处，两日后蒸熟，整用。

【译】农历十一月的时候，取三斤重的猪蹄，腌制三四天，用甜酱将猪蹄涂满，用石头压好，翻转过来再压。大约二十天后取出，擦干净，挂在通风的地方，两天后蒸熟，整用。

熟酱肘

切方块，配春笋。又，风干酱肘，泡软煨用。

【译】（略）

---

① 仲冬：冬季的第二个月，即农历十一月。

② 三斤重猪蹄：这里似为连蹄带肘。

百果蹄

大蹄煮半熟，挖去筋、骨，填胡桃仁、松仁、火腿丁及零星皮、筋，绳扎煮烂，入陈糟坛一宿，切用。

【译】将猪大蹄煮至半熟，挖去筋、骨，填入胡桃仁、松仁、火腿丁及零星的皮、筋，用绳扎好并煮至熟烂，放入陈糟坛一夜，改刀后食用。

醉蹄尖

去骨，入白酒娘，醉。

【译】（略）

金银蹄

醉蹄尖配火腿蹄，煨。

【译】（略）

酒醋蹄

酒一斤，酱油、醋各半斤，煨。

【译】（略）

鱼膘蹄

鱼膘切条段，同煨极烂，入酱油、姜汁。

【译】将鱼膘切成条段，与猪蹄一同煨至熟烂，加入酱油、姜汁。

笋煨蹄

治净，配青笋或笋片、海蜇、蟛蜞、虾米同煨。

【译】（略）

煨笋蹄花

南猪蹄切去上段肥肉，煮半熟去骨，用麻绳扎紧。加盐、酒煮烂，候冷去绳切片。再用带湿黄泥厚裹鲜笋，入草灰火煨熟，去泥扑碎配用。蹄筒去骨，加腐皮煨。单煨蹄皮亦可。

【译】将南猪蹄切去上段的肥肉，煮半熟后去骨，用麻绳扎紧。加入盐、酒煮至熟烂，等凉后去掉麻绳切成片。再用湿黄泥厚厚地包裹鲜笋，放入草灰火中煨熟，拍碎去泥，扑碎猪蹄用。猪蹄筒去掉骨，加入腐皮后煨制。单独煨制猪蹄皮也可以。

烧蹄尖

爪尖油炸，入酱油、葱、姜汁、洋糖烧，或涂甜酱烧。又，油烧猪尾、猪耳亦可。

【译】将猪爪尖油炸，加入酱油、葱、姜汁、洋糖烧制，或者涂甜酱后烧制。另，油烧猪尾、猪耳也可以。

煨二蹄尖

鲜猪爪尖、火腿爪尖同煨极烂，取出去骨，仍入原汤再煨，或加大虾米、青菜头、蟑螯。

【译】将鲜猪爪尖与火腿爪尖一同煨至熟烂，取出后去骨，入原汤再进行煨制，或者加些大虾米、青菜头、蟑螯。

醉蟹煨①

整肘不剁碎，醉蟹切开同煨。

【译】（略）

鲞煨肘

整肘不剁碎，鲞鱼②同煨。

【译】（略）

蹄筒片

蹄肘煮烂，入酱油、黄酒、姜、葱、花椒，冷定切自然圆片。

【译】将猪蹄带肘加入酱油、黄酒、姜、葱、花椒煮至熟烂，凉后切成自然的圆片。

熏蹄

清水煮蹄，去油，熏，切片。

【译】（略）

对蹄

腌蹄、鲜蹄各半，煮熟去骨，合卷一处，用绳扎紧，煮烂，冷切。

【译】将腌猪蹄、鲜猪蹄各一半煮熟后去骨，合卷到一处，用绳扎紧，煮至熟烂，凉后改刀。

---

① 醉蟹煨：根据下文应为"醉蟹煨肘"。

② 鲞鱼：腊鱼。

冷切蹄花

蹄肘去骨擦盐，绳扎紧，煮烂切片（腌肉肘同）。

【译】（略）

熏腊蹄

腊蹄熏熟，仰放锡镟，加虾脯、青笋尖、火腿片、香蕈、酒娘隔水蒸。如味淡，加酱油。

【译】将腊猪蹄熏熟，仰放在锡镟内，加入虾脯、青笋尖、火腿片、香蕈、酒娘隔水蒸制。如果味道淡，加适量的酱油。

冻蹄

猪蹄治净，煮熟去骨，切块，入石膏少许并鹿角[①]、石花[②]同煮，或放煮就[③]石花一二杯，成冻。夏日则悬井中，切片蘸糟油。

又，猪蹄熬浓汁去蹄，加金钩[④]再蒸熬之，又去金钩渣，再入刺参熬烂，结冻用。

又，鲜猪蹄对开，配腊猪蹄煨熟，俱去骨，冻。

---

① 鹿角：鹿角菜，中药名。为墨角藻科植物鹿角菜的藻体。具有清热化痰、软坚散结的功效。

② 石花：石花菜，石花菜科植物，50多个品种，我国主要有石花菜及小石花菜、细毛石花菜，又称鸡毛菜、牛毛菜、冻菜、红丝、凤尾、菜籽石花等。我国黄海、东海及台湾沿海各地均有分布，以山东半岛海域产量最大。夏、秋季采收，日晒夜露，干燥备用。它通体透明，犹如胶冻，口感爽利脆嫩，既可拌凉菜，又能制成凉粉。

③ 煮就：煮好的。

④ 金钩：虾米。

【译】将猪蹄整治干净，煮熟后去骨，切成块，加入少许石膏与鹿角菜、石花菜一同煮制，或放入煮好的一两杯石花使猪蹄成冻。夏天的时候就挂在井中，成冻后切片蘸糟油吃。

另，将猪蹄熬浓汁去掉蹄，加入虾米再蒸熟，再去掉虾米渣，再放入刺参熬烂，结冻后食用。

另，将鲜猪蹄对开，配腊猪蹄一同煨熟，都要去掉骨，结冻后食用。

嵌蹄

蹄破开，嵌入精肉扎紧，入老汁煮。

【译】将猪蹄破开，嵌入瘦肉后扎紧，放入老汤中煮熟。

蹄肘

配小虾圆或蟹饼，装盘。

又，红煨蹄肘，去骨，衬鱼翅。

【译】（略）

煨蹄爪

专取猪爪，剔去大骨，用鸡肉汤清煨，筋味与爪相同，可以搭配，有好火腿爪亦可掺入。

【译】专用猪爪，剔去大骨，用鸡肉汤清煨，筋的味道与爪相同，可以搭配，有上好的火腿爪也可以加进去。

◎ 猪肚 ◎

可糟，可酱。先宜除其脏气：委①地面片时，再用砂糖擦洗，方可用。

又，生肚拐头如脐处，中有秽物，须挤净，盐水、白酒煮熟。预铺稻草灰于地，厚一二寸，取肚趁热置灰上，用盆盖紧，逾时②取出，入鲜汤再煨。煨时不可先放花椒，将熟时一入即起。

又，猪肚煮滚，趁热捞起放地上，衬干荷叶，覆以瓷盆，即缩厚寸许，要厚再煮再复。又，熟肚恐有脏气，以纸铺地，将熟肚放上喷醋，用盆盖密，候一二时③取用，既无气息，且肉厚而松。肚、肺一经油爆④，再不松脆，惟宜白水、盐、酒煮，加矾少许，紧、厚而软。

【译】猪肚可以糟制，也可以酱。先要除去猪肚的脏气：将猪肚在地面上放一会儿，再用砂糖擦洗，才可以用。

另，生猪肚的拐头像脐的地方，里面有脏东西，一定要挤干净，用盐水、白酒将猪肚煮熟。预先在地上铺好稻草灰，灰一两寸厚，取猪肚趁热放在稻草灰上，用盆盖严实，过一会儿后取出，下入鲜汤再进行煨制。煨制时不要先放花

① 委：犹积也。堆积，存放。

② 逾时：一会儿；片刻。

③ 时：时辰。

④ 油爆：一种烹饪技法。

椒，快熟的时候下入并马上起锅。

另，将猪肚煮开锅，趁热捞出放地上，下面要衬干荷叶，盖上瓷盆，猪肚会缩至一寸左右厚，如果想要厚就再煮再盖。另，熟猪肚恐有脏气，就用纸铺地，将熟肚放在纸上喷醋，用盆盖严实，等一两个时辰后就可以取用了，既没有了脏气，且肚肉厚而松。猪肚、猪肺一经油爆，口感不再松脆，只适合用白水、盐、酒来煮制，加少许矾，肉质紧、厚且软。

炒猪肚

将猪肚洗净，取极厚处，去上、下皮，单用中心，切骰子块，滚油炮炒，加作料起锅，以极脆为佳，此北人法也。南人白水加酒煨，以极烂为度。蘸酱油用之亦可。

【译】将猪肚洗净，取最厚的地方，去掉上、下皮，只用中间部位，切成色子块，用热油爆炒，加作料后起锅，以口感极脆为最好，这是北方人的做法。南方人用白水加酒煨制，直到煨得熟烂为止。也可以蘸酱油食用。

夹瓤肚

肥肚治净，填碎肉、盐、葱拌蜜，蛋清粘口，煮熟，夹板紧压，冷定切片，蘸酱油或糟油。

【译】将肥猪肚整治干净，填入碎肉、盐、葱，拌入蜜，用鸡蛋清粘住口，上锅煮熟后用夹板紧压，凉后切片，蘸酱油或糟油食用。

灌肚

用糯米、火腿切丁灌满，煨熟切块。又，用百合、建莲①、芡仁、火腿灌满同煨。

又，肚、小肠治净，拌香蕈粉，切段入生肚内缝，肉汁煨，切块。

【译】用糯米、火腿切丁将猪肚灌满，煨熟后切成块。另，用百合、建莲、芡仁、火腿将猪肚灌满后一同煨。

另，将猪肚、猪小肠整治干净，肠拌入香蕈粉，切段后放入生猪肚内并缝好，用肉汁煨熟后切成块食用。

灌油肚

治净，滚水一焯即取出，用蜜蜂捶数次，其肚自厚，将生脂油块去皮填入，蒸熟，蘸芥末、酱油、醋。

【译】将肥猪肚整治干净，在开水中焯一下马上取出，用蜜蜂捶数次，猪肚自然就厚，填入去皮的生板油块，蒸熟，蘸芥末、酱油、醋食用。

油肚

将肚皮转②贴上脂油，仍反进③，煨熟用冷水略激，煨切块。

【译】将猪肚皮翻转后并贴上板油，再将猪肚翻回去，

---

① 建莲：睡莲科多年生水生草本植物，系金铙山红花莲与白花莲的天然杂交种，历史上建莲被誉为"莲中极品"。

② 转：应为"翻转"。将猪肚由内到外翻过来。

③ 反进：似指再将猪肚翻回去。

煨熟后用冷水稍微激一下，煨好切块即可。

五香肚

甜酱、黄酒、桔皮丝，花椒、茴香末烧。

【译】（略）

熏肚

煮熟，用晒干紫蔗皮熏。

【译】（略）

松菌拌肚

熟肚切丝，配碎松菌，芥末、酱油、醋拌。

【译】（略）

鱼翅拌肚

熟肚切丝，配煮鱼翅，拌。

【译】（略）

烩肚丝

生肚切丝，加酒、酱油、笋丝、香蕈炒，少放胡椒末、豆粉、鸡汤烩。

又，肚肺俱切骰子块，清烩。

【译】将生肚切成丝，加入酒、酱油、笋丝、香蕈炒制，再放少许胡椒末、豆粉、鸡汤进行烩制。

另，将猪肚、猪肺都切成色子块，清烩。

煨肚

先入滚水煨，取起浸冷水中，如此四五次，其肚自厚。

切小方块，配火腿、小红萝卜（去皮）俱切小方块，同入原汁再煨，加酒，葱。

又，肚切块，配火腿、笋片、香蕈、木耳、酱油、酒同煨。又，火腿、鸡片煨。

【译】将猪肚先下入开水中煨制，取起后浸泡在冷水中，按照这种方法四五次，猪肚自然厚起来。将猪肚切成小方块，配上都切成小方块的火腿、小红萝卜（去皮），一同入原汁再煨，加入酒，葱。

另，肚切块，配火腿、笋片、香蕈、木耳、酱油、酒一同煨制。另，猪肚同火腿、鸡片一同煨制。

腰肚双脆

腰、肚治净，划碎路如荔枝式，葱、椒、盐、酒腌少时，投沸汤略拨动，连汤置器中浸养，加糖、姜片或山药块、笋块。肚、肺配蟑螯，加作料烧。

【译】将猪腰、猪肚整治干净，用刀划碎纹路像荔枝一样，用葱、花椒、盐、酒腌一会儿，投入开水中略焯，连汤一并放在容器中浸泡，加入糖、姜片或山药块、笋块烧制。将猪肚、猪肺配上蟑螯，加入作料一并烧制。

烧肠肚

治净，煮熟取起，以肉片、蒜片、盐少许，灌入肠、肚内。锅底放水一碗，竹棒作架，置肠、肚于上，盖锅慢火烧。肠段切，肚整用。

【译】将猪肠、猪肚整治干净，煮熟后取起，加入少许肉片、蒜片、盐，一并灌入猪肠、猪肚内。锅底放一碗水，锅中用竹棒作架，将猪肠、猪肚放在架上，盖上锅盖慢火烧制。猪肠切段，猪肚整用。

烩炸肚

肚切片，油炸，加作料烩。

【译】（略）

爆肚

切块，滚水焯过，挤干，再入油炸，加酒、酱油、葱、姜爆炒。猪肚切块炒，少加豆粉。

【译】将猪肚切成块，用开水焯过，挤干水分，再入油锅中炸制，再加酒、酱油、葱、姜爆炒。将猪肚切成块炒制，加少许豆粉。

爆肚片

生肚切片，入热锅爆炒，加酒、豆粉、酱油、青蒜、醋烹。

【译】将生猪肚切成片，下入热锅中爆炒，再加酒、豆粉、酱油、青蒜、醋烹制。

五香肚丝

熟肚切丝，加五香作料焖。

【译】（略）

炒肚皮

熟肚取皮切块，鸡油、姜汁、酱油，酒焖。

【译】（略）

烩肚

猪肚外层划细深纹，切小方块爆炒，配群菜①烩。

【译】将猪肚的外层划成细深纹路，切成小方块爆炒，配上青菜烩制。

肚杂

羊肉嫩者细切，拌作料入猪肚中，缝口，煮熟切用。

【译】选取嫩羊肉切碎，拌好作料后灌入猪肚中，缝好口，煮熟后改刀用。

酱肚②

糟肚③

◎ 猪肺 ◎

凡灌肺，喉管不可割碎。清水频灌，俟色淡白，略煮，去外膜，用竹刀破开，忌铁器。

又，用萝卜汁灌洗之，不老。

---

① 群菜：泛指几种青菜。

② 此处原抄本有菜名无做法。

③ 此处原抄本有菜名无做法。

【译】凡是灌猪肺的时候，都不可割碎喉管。用清水频繁地灌入，等猪肺颜色变淡变白后稍微煮一下，再去掉外膜，用竹刀切开，忌用铁器。

另，用萝卜汁灌洗猪肺，口感不会老。

煨肺

灌水令白，去外膜及肺管、细筋，切方块，配火腿丁、作料煨。

【译】将猪肺灌水使颜色变淡变白，去掉猪肺的外膜及肺管、细筋，切成方块，配火腿丁、作料进行煨制。

肺羹

先用水和盐、酒、葱、椒煮，将熟取出，切骰子块，配松仁、鲜笋、香蕈丝，入汁再煮作羹。

【译】将猪肺先用水和盐、酒、葱、花椒煮，猪肺快熟时取出，切成色子块，配松仁、鲜笋、香蕈丝，加入汤汁再煮成羹。

琉璃肺

白肺去膜切块，加酱油、酒，其色光亮，故名。

【译】（略）

建莲肚肺羹

肚、肺切丁，配建莲（去皮、心，先煮五分熟）、火腿丁、鸡皮、笋皮，加作料，鲜汤煨。

【译】将猪肚、猪肺切成丁，配建莲（去掉皮、心，先煮五分熟）、火腿丁、鸡皮、笋皮，加入作料，用鲜汤煨制。

糯米肺

上白糯米灌入管①，扎紧煨。苡米②肺同。

【译】将上好的白糯米灌入猪肺管中，扎紧口后煨制。薏米肺的做法与此相同。

蒸肺

切块，用豆粉、芝麻、松仁、胡桃仁、酱油、茴香末干蒸。

【译】（略）

石榴肺

熟肺去外皮，酱油、酒焖。

【译】（略）

肺花粥

熟肺去外皮，切细丁，连汤下香稻米煮粥。

【译】（略）

芙蓉肺

洗肺最难。取整者，以水入管③灌之，一肺用水二小桶（旧法以藕汁同肺煮则白）。沥尽血水，剔去包衣为第一

---

① 管：肺管。

② 苡米：薏米，既是药用作物又是粮食作物，营养丰富。

③ 管：喉管。

着①。敲之、扑之、挂之、倒之，工夫最细。用酒、水滚一日一夜，肺缩小如一片白芙蓉，再加作料，上口②如泥。汤西涯少宰③宴客，每碗四块，已用四肺矣。近人④无此工夫，只得将肺拆碎，入汤煨烂，亦佳。得野鸡汤更妙，以清配清故也。入火腿煨亦可。熊掌煨肺，加火腿、筋皮。

【译】猪肺最难洗干净。用水灌入喉，一个猪肺要用两小桶水（过去的方法是用藕汁同肺煮制就会变白）。要洗掉肺管里的血水，剔去包衣为第一要紧。要敲、打、挂、倒，功夫最为细腻。要用酒、水煮上一天一夜，猪肺会缩小像一片白色芙蓉花瓣，再加上作料，这时候吃到的猪肺烂得同泥一样。汤西涯少宰宴请客人，每碗只盛四片，就已经用了四个猪肺。现代的人没有下这个功夫的了，只得将肺切碎，放入汤中煨烂，这也很好。能用野鸡汤煨制更好，这是以清配清的道理。用火腿煨制也可以。熊掌煨肺，加入火腿和筋皮。

---

① 第一着：指第一紧要的。

② 上口：指猪肺吃到嘴里。

③ 汤西涯少宰：汤西涯，清朝康熙年间进士，官至礼部侍郎。少宰，侍郎别名。

④ 近人：近代的或现代的人。

◎ 猪肝 ◎

炒肝油

拣黄色猪肝（紫红者粗老不堪）切片，酒浸片时，入滚水一焯即捞起。肥网油切大片，入滚水潒①。烧红锅，用脂油、酱料炒，加韭菜少许，略收油则不腻口。

【译】挑选黄色的猪肝（紫红的粗老不能用）切成片，用酒浸泡一会儿，下入开水中焯一下马上捞起。将肥的猪网油切成大片，下入开水中汆去油污。将锅烧红，用大油、酱料炒制猪肝，加少许韭菜，稍微收一下油猪肝会不腻口。

炙肝油

生肝切条，拌葱汁、盐、酒，网油卷，炭火炙熟，切段或片，蘸椒盐。炙猪腰同。

【译】将生猪肝切条，拌葱汁、盐、酒，用猪网油卷好，在炭火上烤熟，切成段或片，蘸椒盐吃。烤猪腰的方法与此相同。

肝卷

肝切片，用腐皮卷，油炸。

【译】（略）

烧肝

配花生仁、作料同烧。

---

① 入滚水潒（xiè）：入开水中汆去油污。潒，除去（污秽）。

【译】（略）

油炸肝

生肝油炸透，加酱油、笋片煨。

【译】（略）

拌酥肝

熟肝撕碎，加酱油、芥末、醋拌。

【译】（略）

煨肝

配鸡冠油煨，以半日为度，少加酱。

【译】（略）

红汤煨三肝

猪肝、鸡肝、甲鱼肝，配青菜头，入肉汤、脂油、酱油、酒煨。

【译】（略）

油炸肝①

猪肝一具，切长条块，用网细油裹作筒，生大火盆，以铁签穿作一排，炙之，俟两面黄色，用葱、椒、汤，加盐少许，时刻抹上，反复数回，肝熟味佳，切片或切段用。

【译】将一副猪肝切成长条块，用网细油裹成筒，生好大火盆，用铁扦穿成一排，烤制，等到肝的两面烤成黄色，用葱、花椒、汤，再加少许盐，频繁地抹在猪肝上，反复多

① 油炸肝：似应为"油烤肝"。

次，肝熟味好，切片或切段后食用。

<h1 style="text-align:center">熏肝①</h1>
<h1 style="text-align:center">猪筋拖蛋黄②</h1>

◎ 猪肠 ◎

肉汁煨肠

　　小肠肥者，用两条贯一条③，切寸段，加鲜笋、香蕈、肉汁煨。

　　又，捆肝片煨。

　　【译】选取肥的猪小肠，将一条小肠穿入另一条小肠里，使两条贯穿成一条，切成寸段，加入鲜笋、香蕈、肉汁煨制。

　　另，将猪小肠捆绑肝片一同煨制。

肉灌肠

　　取大肠，打磨洁净，小肠亦可。分作三截，先扎一头，以竹管吹气鼓，急扎，风干一日。先取精、嫩肥肉剁小块，风干四五日或七八日。以椒末、微盐揉过，色红为度。将干肉筑实④肠内，扎紧，盘旋入锅以老汁煮之，不加盐、酱，

---

① 此处原抄本有菜名无做法。

② 此处原抄本有菜名无做法。

③ 用两条贯一条：将一条小肠穿入另一条小肠里，使两条贯穿成一条。

④ 筑实：杵捣结实。

待熟取起，晾冷，随时切片。冬月为佳，否则不耐久矣。

【译】取猪大肠，整治干净，用小肠也可以。将猪肠分成三截，先扎住一头，用竹管将猪肠吹鼓后，快速扎住肠口，风干一天。先取瘦肉、嫩肥肉剁成小块，风干四五天或七八天。用花椒末、少许盐揉过，揉至肠呈红色为止。将干肉在肠内杵捣结实，扎紧，盘好下入锅中用老汤煮制，不要加盐、酱，待猪肠熟后取起，晾凉，随时切片。冬天适合制作，否则不能长时间保存。

风小肠

取猪小肠放瓷盆内，滴菜油少许搅匀，候一时下水洗净，切长段一尺许。用半精肉切极细碎，下菜油、酒、花椒、葱末等料和匀，候半日，制肠八分满①，两头扎紧，铺笼蒸熟，风干，要用再蒸，切薄片甚佳。

【译】取猪小肠放在瓷盆内，滴少许菜油搅匀，等两小时后下水洗净，切成一尺左右的长段。将半瘦肉切得极细碎，下入菜油、酒、花椒、葱末等料和匀，腌半天后，将料装入肠内八分满，扎紧肠的两头，上笼蒸熟，再风干，吃时再蒸，切成薄片非常好。

---

① 制肠八分满：将料装入肠内八分满。

糟大肠①

套大肠②

瓢肠③

重烧现成熟肠④

◎ 猪腰胰 ◎

胰条拖蛋粉烧。

猪腰对开，去尽细筋，下水焯过，方不腥气。

【译】（略）

煨腰

煮半熟，略加盐再煨，冷定手撕（刀切便腥），蘸椒盐。

【译】（略）

炒猪腰

腰片炒枯则木、炒嫩则令人生疑，不如煨烂，蘸椒盐用之为佳，但须一日工夫才得如泥耳。此物只宜独用，断不可掺入别菜中，最能夺味。

又，蛋白切条配腰丝炒。切片背划花纹，酒浸一刻取

---

① 此处原抄本有菜名无做法。

② 此处原抄本有菜名无做法。

③ 此处原抄本有菜名无做法。

④ 此处原抄本有菜名无做法。

起，滚水焯，沥干，熟油爆炒，加葱花、椒末、姜米、酱油、酒、微醋烹。韭菜、芹菜、笋丝、荸荠片俱可配炒。又，配白菜梗丁、配腰丁炒。

【译】腰片炒枯则木、炒嫩就会使人生疑，不如煨烂，最好蘸椒盐食用，但要一天的工夫才能将猪腰煨得像泥一样的烂。猪腰只适合单独使用，不可以掺入其他的菜，猪腰最能夺味。

另，将鸡蛋白切成条可以配腰丝炒。将猪腰切成片且背上用刀划出花纹，下入酒中浸泡一刻钟后取起，在开水中焯一下，沥干水分，用熟油爆炒，加入葱花、花椒末、姜米、酱油、酒、少许醋进行烹制。韭菜、芹菜、笋丝、荸荠片都可以配炒。另，也可以配白菜梗丁、配腰丁炒。

烧腰

煮熟切片，用里肉①、脂油裹，咸菜丝扎，作料烧。

又，煮熟切丁，配大头菜叶、齑菜②，加作料烧。

又，配胡桃仁去皮，加作料烧。

又，裹网油炭火上烤，蘸酱、麻油、椒盐。

又，熏腰片。

【译】将猪腰煮熟后切片，用里脊肉、脂油包裹，用咸菜丝扎好，加入作料烧制。

① 里肉：里脊肉。

② 齑（jī）菜：切碎的腌菜或酱菜。

另，将猪腰煮熟后切丁，配大头菜叶、斋菜，加入作料烧制。

另，将猪腰配上去皮的胡桃仁，加入作料烧制。

另，将猪腰裹网油放在炭火上烤制，蘸酱、麻油、椒盐食用。

另，将猪腰切片熏制。

腰羹

斮绒，配火腿、香蕈、笋各丁，豆粉、鸡汤作羹。

【译】将猪腰剁成茸，配火腿丁、香蕈丁、笋丁，再加入豆粉、鸡汤做成羹。

腰汤

去筋切片，油锅微炒，加作料作汤。

【译】（略）

焖荔枝腰

腰子划花，脂油、酱油、酒焖。

【译】（略）

烹腰胰

腰胰切片，入热锅爆炒，加酱油、笋片、葱花、酒烹。薏米或糯米灌猪肠，名"烧假藕①"。

【译】将猪腰切成片，下入热锅中爆炒，加入酱油、笋片、葱花、酒进行烹制。将薏米或糯米灌入猪肠，名叫"烧

---

① 烧假藕：这是指猪肠菜。

假藕"。

烧腰胰

配炸绿豆渣饼，加作料烧。

【译】（略）

炸腰胰

腰子裹网油，油炸，加椒盐叠切块。

【译】（略）

煨里肉

猪里肉精而且嫩，人多不食。常在扬州谢太守席上食而甘之，云：以里肉切片，用荠粉团成小把，入虾汤中，加香蕈、紫菜清煨。

【译】猪里脊肉瘦而且嫩，很多人不吃。曾在扬州谢太守宴席上吃过而且很喜欢，云：将里脊肉切片，用荠粉团成小把，下入虾汤中，加入香蕈、紫菜进行清煨。

◎ 猪舌 ◎

猪舌可糟可酱。

【译】（略）

烧猪舌

猪舌去皮切丁，配鸡冠油丁、酱油、酒、大料烧。

【译】（略）

盐水猪舌

熟猪舌切条，拌盐水，蒜花。

【译】（略）

五香舌丝

猪舌切丝，五香作料烹。

【译】（略）

走油舌

配肉块、作料煨。

【译】（略）

腊猪舌

切片同肥肉片煨。

又，略腌风干，用之味同火腿。

【译】（略）

◎ 猪心 ◎

烧猪心

切丁，加蒜丁、酱油、酒烧。

【译】（略）

糟猪心

煮熟，布包，入陈糟坛。

【译】（略）

◎ 猪脑 ◎

猪脑糕

熟猪脑配藕粉、盐水、蒜和杵①，隔水蒸，切块。

【译】（略）

※焖猪脑

肉圆、鸡汤、海参、笋焖。松仁烧猪脑，煨。

【译】（略）

猪脑腐

生猪脑去膜，打成腐，加花椒、酱油、酒蒸，或作衬菜。

【译】（略）

烧猪脑

配火腿丁、笋粉②、香蕈丝、酱油、酒红烧。

【译】（略）

猪唇③

煮熟切片蘸椒盐。猪舌根烧海参。

【译】（略）

---

① 和杵：和在一起用棒槌捣烂。

② 笋粉：似应为"笋丝"。

③ 此处原抄本如此，不是猪脑菜。

假文师豆腐①

入猪脑煮熟，切丁如豆腐式，鸡油、火腿丁、酱油、松仁烧。

【译】（略）

◎ 猪耳 ◎

（附尾、血脾）

烧猪耳丝

生猪耳切丝，红汤烧。

【译】（略）

拌猪耳丝

熟猪耳切细丝，和椒末、盐、酒、麻油拌。

【译】（略）

糟猪耳

煮熟，布包，入陈糟坛。

【译】（略）

三丝

猪耳、猪舌、火腿俱切丝，鸡汤烩，加衬菜、作料。

【译】（略）

---

① 文师豆腐：文思豆腐。文思，即文思和尚，清朝年间人，生卒不详，出家于扬州天宁寺下院，是古代名厨之一。

烧干椿

取猪尾寸段，加甜酱、酒、椒盐烧。

【译】（略）

炙血脾

生血脾扫上酱油、麻油，炭上炙酥。

【译】将生血脾抹上酱油、麻油，在炭火上烤酥。

◎ 猪肉皮 ◎

肉皮先宜刮净。

【译】（略）

炸肉皮

干肉皮麻油炸酥，拌盐。

【译】（略）

皮汁

肉皮熬汁，各种馅①。

【译】（略）

烹肉皮

干肉皮麻油炸酥，椒末、酱油、酒烹。

【译】（略）

---

① 此条疑有漏文。

炙肉皮

干肉皮，扫上酱油、麻油、椒末，炭火炙。

【译】（略）

皮鲊①

煮熟劈薄片，拌青蒜丝、芝麻、麻油、盐、醋，作鲊。
又，皮鲊丝拌头发菜②。

【译】（略）

烹酥皮鲊

烧皮肉③切条，配笋片、香蕈、酱油、脂油烹。

【译】（略）

烤酥皮肉

切块，入酱油、酒、椒盐煮透，干锅烤黄色，收贮作路菜④。临用或开水或酒一泡即酥。

【译】将肉皮切成块，加入酱油、酒、椒盐煮透，再入干锅烤至黄色，收贮好作为旅途中食用的菜肴。临用时用开水或酒一泡即酥。

烧肉皮

鲜肉皮切大方块，配笋片红烧，收汤。

【译】（略）

---

① 皮鲊：此菜又可称"假海蜇"，即将肉皮做得如同海蜇皮一样。鲊，在此处即指海蜇。

② 头发菜：也称发菜，是一种黑色的细长藻体，似人头发，味美可食，多产于我国西北。

③ 皮肉：应为"肉皮"。

④ 路菜：指供旅途中食用的菜肴。

◎ 猪脊髓 ◎

炒脊髓

拖豆粉配笋、香蕈、脂油炒，将起时加火腿丝。

【译】（略）

炸脊髓

拖鸡蛋清入油炸，盐叠①。

又，炸，拌椒盐。

又，炸脊髓筋，配珍珠菜烧。

【译】（略）

烧脊髓

先用肉汤煮透，配虾圆、笋片、鲜菌、酱油、酒烧。

【译】（略）

天孙烩

脊筋配火腿、蹄筋、肥肉片、笋、香蕈，作料烩。

又，火腿二斤、夹脊髓，随用芫荽缚腰烩，亦可烧。

又，火腿寸段配鸡腰作料烩。

【译】（略）

醉脊髓

生脊髓滚水炸过，入白酒娘、椒盐醉。

【译】（略）

---

① 盐叠：叠撒上一层盐。

◎ 猪管① ◎

烩猪管

猪管寸段以箸②穿入；面上横勒三五刀，又直分两开如蜈蚣式，加群菜烩。油炸亦可。

【译】（略）

煨猪管

去肉瓤配白肺煨。又，瓤油肝煨。

【译】（略）

五香管丝

猪管切细丝，五香作料焖。

【译】（略）

炒猪管

寸段，配火腿丝作料炒。

【译】（略）

---

① 猪管：原目录为"猪黄喉"。
② 箸（zhù）：筷子。

◎ 脂油 ◎

（鸡冠、网油）

炒冠油

切小块，加甜酱炒。

【译】（略）

蒸冠油

切块，加作料、米粉裹蒸。

【译】（略）

煨冠油

煨熟，蘸甜酱或椒盐。

【译】（略）

网油果

包入火腿、笋、香蕈各丁，加酱油，作果式，油炸。

【译】（略）

网油卷

里肉切薄片，或猪腰片，网油裹，加甜酱、脂油烧，切段。

又，网油包馅，拖面油炸。

【译】用网油包裹好切成薄片的里脊肉，也可以用猪腰片，加甜酱、脂油进行烧制，切段食用。

另，用网油包馅，蘸面糊后油炸。

油酥卷

脂油、洋糖、胡桃仁，包酥面作卷，入油炸。

【译】（略）

烧油丁

脂油、冠油配冬笋、茭白、腐干，俱切骰子块，酱烧。

【译】（略）

鸡冠油炸腰肝

鸡冠油、猪腰、肝、血脾、鸡肝同肝油俱切小方块，入肉汁、大蒜烧。

【译】（略）

鸡冠油

配鸡、鸭杂作料烧。

又，切块，大蒜瓣、作料同烧。鸡冠油群，配蝉螯油。

【译】（略）

大卷丝

网油卷火腿丝油炸，切五段，少蘸醋。

【译】（略）

神仙汤

脂油、姜、葱、酱油、醋、酒先调，入滚水一碗，冲和成汤，取其速，故名。

【译】（略）

◎ 火腿 ◎

金华为上，兰溪①、东阳、义乌、辛丰②次之。出金华者细颈而白蹢③，冬腿④起花绿色，春腿⑤起花白色。脚要直，不直是老母猪。须看皮薄、肉细、脚直、爪明，红活⑥味淡，用竹签透入，有香气者佳。腌腿有熏晒二法：一，鲜腿每重一斤，炒盐一两或八钱，草鞋捶软，套手细擦腌之，热手着肉即返⑦，擦至三四次，腿软如绵，看里面精肉有盐水透出如珠，即用花椒末揉一次，入缸，加竹栅，压以重石。旬日后，次第翻三五次，取出。又用稻草灰层层叠放，收干后悬灶前近烟处，或松叶烟熏之更佳。

又，不须石压，用腌莴苣卤浸之，凡莴苣一斤，盐十二两，腌成卤。莴苣若干，用盐若干，收坛泥封。腌腿时，以此卤入缸浸之，浸透取出晒。

又，金华人做火腿，每斤猪腿腌炒盐三两，用手取盐擦匀，石压三四时，又出，又用手极力揉之，翻转再压，

① 兰溪：唐咸亨五年（公元 674 年）析金华县西三河戍地始建为县。1985 年 5 月，撤县建市（县级）。兰溪位于浙江省中西部。

② 辛丰：辛丰镇，古称新丰镇。辛丰镇位于江苏省镇江市丹徒区东南部。

③ 白蹢（dí）：白蹄。《诗·小雅·渐渐之石》："有豕白蹢，烝涉波矣。"

④ 冬腿：冬天腌制的火腿。

⑤ 春腿：春天腌制的火腿。

⑥ 红活：红润有生气。

⑦ 热手着肉即返：一说热手着肉易败。

再揉至肉软如绵，挂当风处，约小雪①起至立春后方可。挂起不冻②。

又，每十斤猪腿，腌盐十二两，极多至十四两，将盐炒过，加皮硝少许，趁热擦之令匀，置大桶内，石压，五日一翻。候一月，将腿取起，晒有风处，四五个月可用。

火腿宜顺挂（蹄尖垂下），倒挂多油氽气。或藏于内，或谷糠涂之，亦可免油。火腿有臭味，可切大块，黄泥涂满，贴墙上晒之即除。凡煮陈腿、腊肉，入洋糖少许无油氽气，用黄泥厚涂，日久不坏。

又，用猪胰同煮亦去氽气。火腿汁去尽浮油，加白盐、陈酒、丁香即成老汁，一切鸡、鸭、野味俱可入烧，量加酒料。唯羊肉、鱼腥不可入，先烧鸡一只，汤鲜味，此汁煮过，虽酷暑亦不变味。

【译】金华的火腿为上品，兰溪、东阳、义乌、辛丰等地的次之。出自金华的火腿细颈而蹄白，冬天腌制的火腿颜色呈花绿色，春天腌制的火腿颜色呈花白色。猪的脚要直，不直就是老母猪。要看皮薄、肉细、脚直、爪明，红润有生气味淡，用竹杆插入，有香气的为好。腌腿有熏晒两种方法：一、鲜猪腿每一斤重，用一两或八钱的炒盐，把草鞋捶软，套手上细擦后进行腌渍，如果手热沾着肉要马上抽回，

---

① 小雪：二十四节气之一。

② 冻：疑应为"动"。

将猪腿擦至三四次，猪腿会非常绵软，看里面瘦肉透出的盐水像珠子一样，就用花椒末来揉搓一次，下入缸中，加上竹栅，压上重石。十天后，挨个翻三五次，取出。另用稻草灰层层叠放，猪腿收干后挂在灶前靠近烟的地方，或用松叶烟来熏制更好。

另，不用重石压，可以用腌莴苣的原卤浸泡，每一斤莴苣用十二两盐，腌成卤。莴苣若干，用盐若干，收贮坛中用泥封闭严实。腌渍猪腿的时候，用这种卤入缸浸泡，泡透后取出进行晒制。

另，金华人做火腿，每斤猪腿要用三两炒盐来腌渍，先用手取盐将猪腿擦匀，用重石压三四个时辰，再取出来，再用手使劲地揉搓，翻转再用重石压，再取出再揉，一直揉到肉质柔软如绵，挂在通风的地方，大约在小雪节气起挂上猪腿，直到立春后才可以取下。这个时间段挂起后都不要再动它。

另，每十斤猪腿用十二两盐来腌渍，最多用到十四两，将盐炒过，加入少许皮硝，趁热将猪腿擦匀，放在大桶内，用重石压，每隔五天翻一次。等到一个月后，将猪腿取出，晒在通风的地方，四五个月就可以取用了。火腿应该顺着挂（即蹄尖向下），倒挂大多会有苦涩臭气。有的收藏在肉里，取谷糠来涂抹，也可以去掉苦涩臭气。如果火腿有臭味，可切成大块，用黄泥涂满腿的表面，贴在墙上晒制可以除去臭气。一般煮陈腿、腊肉，放入少许洋糖可去除苦涩臭气，用黄泥厚厚地涂抹，长时间不会坏。

另，用猪胰与火腿同煮也可以去除苦涩臭气。将火腿汁内的浮油去干净，加入白盐、陈酒、丁香就成了老汤，凡是鸡、鸭、野味都可以用老汤来烧制，可以根据食材量的多少添加适量的酒料。唯独羊肉、鱼虾不可放入老汤中，先烧一只鸡，老汤的味道会很鲜，经常煮一下老汤，即使是酷暑汤也不会变味。

炖火腿

蒸熟去皮骨，切骰子块，配鲜笋或笋干、胡桃仁、茭白、酒、酱，共贮碗内，隔汤炖一时，如淡加酱油。

【译】将火腿蒸熟去掉皮、骨，切成色子块，配鲜笋或笋干、胡桃仁、茭白、酒、酱，同放碗内，隔水炖两个小时，如果口味淡就加些酱油。

东坡腿

陈淡腿约五六斤者，切去爪，分作两块洗净，煮去油腻，复入清水煮烂。临用加笋虾作衬。

又，切片去皮骨煮，加冬笋、韭菜芽、青菜梗或茭白、蘑菇，入蛤蜊汁更佳。临起略加酒、装①酱油。

【译】选用陈的、淡的、约五六斤的火腿，切去猪爪，分成两块洗净，煮去油腻，再放入清水中煮烂。临用时加入

---

① 装：疑为衍字。

笋虾作衬。

另，将火腿切片并去皮、骨后煮制，加入冬笋、韭菜芽、青菜梗或茭白、蘑菇等，加入蛤蜊汤更好。临起时加少许酒、酱油。

煨火腿

火腿切片，莴苣、笋，作料煨。

又，配家鸭，作料煨。

又，配胡桃仁，作料煨。

又，配去皮荸荠煨。

又，萝卜削荸荠式煨。

又，切片，配连鱼[①]块煨。

又，配鲤鱼片煨。

又，配春班鱼[②]片煨。

又，配鸡腰煨。

【译】将火腿切成片，配莴苣、笋，加作料煨制。

另，配家鸭，加作料煨制。

另，配胡桃仁，加作料煨制。

另，配去皮的荸荠进行煨制。

另，配削成荸荠形状的萝卜进行煨制。

另，将火腿切片，配鲢鱼块进行煨制。

---

① 连鱼：鲢鱼。

② 班鱼：形似河豚略小，背青色，有苍黑斑文。

另，配鲤鱼片进行煨制。

另，配春班鱼片进行煨制。

另，配鸡腰进行煨制。

笋煨火腿

冬笋切方块，火腿切方块，同煨。火腿撇去盐水两遍，再入冰糖煨烂。凡火腿煮好后，若留作次日用者，须留原汤，待次日将火腿投入汤滚熟方好。若干放，离汤则风燥而肉干矣。

又，火腿片、冬笋片对拼装盘。

【译】将冬笋切成方块，火腿切成方块，一同煨制。火腿要在水里浸泡两遍，去掉盐分，再加入冰糖煨烂。凡是火腿煮好后，如果留作第二天用的，要留好原汤，待第二日将火腿投入汤中煮熟为好。如果干放，要离开汤会让风吹而变成肉干。

另，可以将火腿片、冬笋片对拼装盘。

热切火腿

煨烂，趁热切片（或小方块）。

【译】（略）

煨大肘

火腿膝弯①配鲜膝湾各三付，同煨。烧亦可。

【译】（略）

---

① 膝弯：猪弯弯，猪的膝盖。这里的骨头筋最多，最有嚼劲。

煨火腿皮

浸软刮净，切条，配鹿筋煨。

【译】（略）

炸火腿皮

浸软刮净，切骨牌片，炸酥，可携千里（又可作浇面头小菜。凡行远，须带生腿，切方块，扣饭锅底煮。若带熟腿，不能久用）。

【译】将火腿皮泡软后刮干净，切成骨牌片，炸酥，可携带行千里（又可作为浇面头小菜。凡远行的时候，需要带上生火腿，可切成方块，扣在饭锅底部煮制。如果带熟火腿远行，不能长久保存）。

火腿皮汁

烧扁豆、茄子加研碎杏仁。

【译】（略）

烧火腿丁

配萝卜丁，瓜、酒、脂油烧。

【译】（略）

火腿油烧笋衣

肥火腿膘熬出油，配笋衣、白酒、蒜清烧。

【译】（略）

淡火腿

煮熟切薄片，蘸洋糖。

【译】（略）

粉蒸腿

火腿切片，米粉拌蒸。

又，火腿切片，须蒸三次始酥。上用盘盖，不走香气。

【译】（略）

火腿羹

切薄片，配磨菇或菌或香蕈作羹。

【译】（略）

烩火腿丝

配笋丝、鸡皮丝、酱油、酒，鸡汤烩。

【译】（略）

火腿圆

配鲜肉臕、豆粉劗圆，酱油、酒烩。

又，淡火腿、豆粉劗圆，鸡汤下，衬青菜头①。

【译】（略）

杂拌火腿丝

配鸡脯、鲜笋、榆耳、蛋皮各丝，加酱油、醋、芥末、麻油拌。

又，切丝，配笋丝、栗菌、麻油、酱油拌。

【译】（略）

---

① 青菜头：又称青菜头疙瘩，蔬菜的一种，一般都把它腌制成榨菜来吃。不过据营养医生介绍，鲜青菜头含有丰富的食物纤维，可促进结肠蠕动。

拌火腿丝

切丝，配海蜇丝、作料拌。

又，切丁，配生豆腐、盐、麻油拌。

又，火腿丝拌海蜇皮丝，或萝卜丝，或炸豆芽。

【译】（略）

炒火腿

切丝，配银鱼干、作料炒。

又，切片配天花①炒，少加豆粉。

又，切片配青菜、粉元宝②、作料炒。

又，切丝，配春斑鱼、作料炒。

又，火腿配松菌炒。

【译】（略）

烧火腿蹄筋

火腿蹄筋配鲜蹄筋、甜酱、豆粉炒。

【译】（略）

烧二尖

火腿爪、鲜猪爪煮熟去骨，配笋片，红汤、酱油、脂油、酒烧。

【译】（略）

---

① 天花：天花菜。叶蓝绿色，具蜡粉，球半圆形，白色，紧实，球面茸毛中等，毛白色，花粒粗大，花球重约1公斤。耐寒性强，品质好，较抗病。

② 粉元宝：何物不详。

煨三尖

火腿爪、猪肉爪、羊肉爪煮熟去骨，入鸡汤、酱油、酒红煨。

【译】（略）

火腿膏

火腿切细丁，加蘑菇、碎苡仁，煨烂作膏。

【译】（略）

糟火腿

熟火腿去皮骨，切长方块，布包入陈糟坛，或白酒娘糟两三日，切用。酱火腿同。

【译】将熟火腿去掉皮、骨，切成长方块，用布包好放入陈糟坛，或加入白酒娘糟制两三天，改刀用。酱火腿的方法与此法相同。

火腿

配鸡块装盘。配猪肚块装盘。配酱菜梗装盘。

【译】（略）

假火腿

箬包食盐煨透，碎研，装瓷钵筑实，中作一窝，放入麻油、椒末。将鲜肉晾干，用此盐重擦，大石压片时，煮用。与火腿无二。

【译】用箬竹叶子包食盐煨透，研磨碎，装入瓷钵杵捣结实，中间做一个窝，放入麻油、花椒末。将鲜肉晾干，用此盐重擦，用大石压一会儿，煮熟后用。与火腿没有区别。

火腿糕

劖绒，拌香稻米粉、蒜花蒸熟，切块。

【译】将火腿剁成茸，拌入香稻米粉、蒜花后蒸熟，切块。

火腿烧卖

切小丁，配笋衣、鸡油、酒烧作馅，包烧卖蒸。包面饺、粉团同。

【译】将火腿切成小丁，配笋衣、鸡油、酒烧好作为馅料，包烧卖再蒸。包面饺、粉团与此法相同。

火腿卷子

劖绒，拌熟脂油包面卷，切长段蒸。

【译】（略）

火腿包子

劖绒，配笋衣、肉皮汁、酱油、酒、葱花烧作馅，包粉盒蒸。

【译】（略）

火腿春饼

劖绒，加蒜花、脂油拌匀，卷薄面饼，干油锅烙熟，切段。

【译】将火腿剁成茸，加入蒜花、脂油拌匀，卷薄面饼，在干油锅内烙熟，切段。

火腿粥

切丁或氇绒，配笋丁、鸡汤、香稻米煮粥。

【译】（略）

火腿酱

用南腿①煮熟，去皮切碎丁（如火腿过咸，用水泡淡，然后煮之），单取精肉。将锅烧热，先下香油滚香，次下洋糖、甜酱、甜酒同滚。炼好后，下火腿丁及松子、胡桃、花生、瓜子等仁，速炒取起，瓷罐收贮。其法：每腿一只，用好面酱一斤，香油一斤，洋糖一斤，胡桃仁四两，去皮打碎花生仁四两，炒去膜打碎松子四两，瓜子仁二两，桂皮五分，砂仁五分。

【译】将南腿煮熟，去皮切成碎丁（如火腿过咸，用水泡淡，然后煮制），只取瘦肉。将锅烧热，先下香油熬香，再下洋糖、甜酱、甜酒同熬。熬好后，下入火腿丁及松子、胡桃、花生、瓜子等仁，快炒后起锅，收贮瓷罐内。做法：每一只火腿，用一斤上好的面酱、一斤香油、一斤洋糖、四两胡桃仁、四两去皮并碾碎的花生仁、四两炒去膜并碾碎的松子、二两瓜子仁、五分桂皮、五分砂仁同炒。

假火腿

鲜肉用盐擦透，用纸二三层包好入冷灰内。过一二日取

---

① 南腿：火腿在我国有宣腿、北腿和南腿之分。宣腿主要产于云南；北腿主要产于长江以北的江苏、安徽一些市县；南腿产于长江以南，主要是浙江，而以金华火腿最为著名。

出，煮熟，与火腿无二。

【译】将鲜猪肉用盐擦透，用两三层纸将肉包好放入冷灰内。过一两天后取出，煮熟，与火腿没有区别。

九丝汤①

火腿丝、笋丝、银鱼丝、木耳、口蘑、千张、腐干、紫菜、蛋皮、青笋，或加海参、鱼翅、蛏干、燕窝俱可。

【译】（略）

攒汤

火腿、蛋皮、笋丝、酱油、鸡汁或肉汤烩。

又，羊尾、笋尾尖段，先一日入米泔浸淡，鸡汁火腿煨烂。

【译】将火腿、蛋皮、笋丝、酱油、鸡汁或肉汤烩制。

另，将羊尾、笋尾尖切段，提前一天加入淘米水将火腿泡淡，用鸡汁将火腿煨烂。

---

① 九丝汤：九丝是指丝的品种多，并非一定要凑齐九丝之数。